KB116387

자연주의
이유식

자연주의 이유식

지은이 김수현
펴낸이 임상진
펴낸곳 (주)넥서스

초판   1쇄 발행 2008년 4월 5일
초판 18쇄 발행 2018년 6월 10일

2판 1쇄 발행 2021년 3월 15일
2판 2쇄 발행 2021년 3월 22일

출판신고 1992년 4월 3일 제311-2002-2호
주소 10880 경기도 파주시 지목로 5
전화 (02)330-5500 팩스 (02)330-5555

ISBN 979-11-6683-027-3 13590

www.nexusbook.com

면역력을 높이는

자연주의 이유식

식생활 전문가 **김수현 지음**

넥서스BOOKS

평생 건강의 시작, 이유식

'무엇' 못지않게 '어떻게' 먹이느냐가 중요하다

음악·미술·무용·운동은 물론 영어에 이르기까지 대한민국 조기교육 열풍은 그야말로 대단하다. 아이들의 재능과 적성, 취미를 파악해 교육하기보다는 '다른 집 아이가 배우니까' '우리 아이만 뒤떨어질 수 없으니까'라고 생각하며 세태에 휩쓸리거나 부모의 욕심만으로 시작하는 경우가 많다. 아이들의 재능이나 적성을 고려하지 않아도 자극과 훈련만 반복하면 아이가 달라질 거라 굳게 믿고 있는 것이다.

아이들의 교육이 자극과 훈련에만 치우쳐 있다면, 아기들의 이유식은 영양에만 치우쳐 있다. 실제로 필자가 주변에 있는 아기 엄마들에게 가장 많이 받는 질문 중 하나가 "뭘 먹이는 것이 아기 건강에 좋은가?"이다. 어느 누구도 "이유기에 어떤 식으로 훈련을 하는 것이 좋은가?"라고 묻는 엄마는 없다. 아기는 영양과 자극, 훈련에 의해 성장함에도 불구하고 부모들은 그저 아기의 영양만을 걱정한다. 그래서 많은 부모들이 영양가 높은 음식만 먹으면 아기가 잘 클 거라고 생각하기도 한다.

하지만 아기의 성장에 영양이 넘치는 '보양식'을 먹이는 게 가장 중요한 것이 아니다. 아기의 몸과 심리적 상태를 부모가 잘 이해하고, 아기에게 '어떤 자극을 어떻게 반복적으로 주면서 훈련할 것인가'를 생각했을 때 비로소 아기가 잘 성장할 수 있다. 아기의 평생 건강은 이유기부터 기초를 잘 다져야 가능하다. 즉 이유기는 '무엇을 먹이느냐' 못지않게 '어떤 식으로 먹이느냐' 하는 문제가 중요한 시기이다.

아기에 대한 이해와 올바른 정보가 먼저다

수없이 쏟아져나오는 육아 관련 정보들. 그 속에서 그릇된 정보는 걸러내고 유익하고 좋은 정보만 습득한다면 이유식, 나아가 육아에서도 엄마는 자신감을 얻을 수 있다. 하지만 검증되지 않은 무분별한 정보들을 종합해 무조건 따라하면 과연 아기가 건강해질 수 있을까? 한 예로 필자가 아는 사람 중 한 명인 초보 엄마는 육아와 관련한 모든 정보를 인터넷에서 얻는다고 한다. '아기에게 필요한 이유식 도구'라고 소개된 글을 읽고 많은 돈을 투자해 모든 재료를 구입했다고 한다. 하지만 정작 사용하는 도구는 4~5가지밖에 되지 않는다며 후회하는 것을 여러

차례 지켜봤다.

　이렇듯 검증되지 않은 정보를 여과 없이 받아들이다보면 후회를 하는 경우가 있다. 편리함을 위한 도구나 기구라면 아기의 건강과 직접적인 상관이 없어 괜찮지만 만약 먹을거리, 식습관과 관련된 그릇된 정보라면 문제는 심각해진다. 이유식을 먹는 시기에 영양보충을 위해 여기저기 좋다고 나온 재료들을 무분별하게 섞어주는 것은 매우 위험한 일이다. 아기의 소화능력이나 성장 과정을 고려하지 않고 그저 몸에 좋다는 재료만을 골라 먹이는 것은 바람직하지 않다.

　빠르게 성장하고 있는 아기의 몸에 대한 이해가 먼저 필요하다. 이유식은 성인이 되어서 먹을 음식과 친숙해지고 올바른 식습관을 기르는 훈련 과정이다. 이 시기에 훈련 자체에 비중을 두기보다 영양적인 면에만 비중을 둔다면 이유기의 진정한 의미가 무색해진다. 그렇기 때문에 '무엇을, 언제, 어떻게 먹일 것인가' 하는 문제는 엄마가 알아둬야 할 가장 중요한 부분이다.

부모의 믿음과 인내가 건강한 아이를 만든다

　아기를 키우면서 많은 부모가 갖고 있는 두려움은 하나같이 '귀한 자식 잘못되면 어쩌나' '우리 아기는 절대 잘못되면 안 된다'는 불안감과 잘못된 확신이다. 혹시 '영양이 부족하지는 않을까' '아프지는 않을까'라는 걱정에서 시작되는 불안감은 아기가 성장하는 내내 엄마에게는 커다란 짐이 된다. 아기는 칼로리나 영양만으로 크는 존재가 아니다. 아기는 스스로 자극과 훈련을 통해 신체를 조절하는 능력과 식습관을 기르고, 부족한 부분은 부모의 사랑으로 채우면서 성장한다.

만약 아기의 칼로리나 영양만을 고려하며 키우는 것이 전부라면 시판 이유식을 먹이는 것도 별 문제가 안 될 수도 있다. 시판 이유식 광고를 보면 그 안에는 온갖 영양소가 다 들어 있다. 하지만 이유기는 영양만 섭취하는 시기가 아니기 때문에 시판 이유식보다는 엄마가 직접 만드는 자연 이유식이 좋다는 것이다. 자연의 재료로 만든 이유식은 아기가 올바른 식습관을 형성하도록 돕고 아기의 건강도 챙길 수 있다.

아기가 잘 먹고 잘 자라는 것은 부모의 믿음과 인내에서 시작한다. 아기가 평소와 다르다고 바로 병원에 데리고 가거나 약을 먹이기 전에 부모는 먼저 지속적인 관심을 갖고 아기를 잘 관찰해야 한다. 부모들은 인식하지 못하지만 아기는 태어날 때 스스로 치유하고 회복할 수 있는 생명력을 갖고 태어난다. 아기들은 작고 약해서 아무것도 못할 것 같지만 아기들도 스스로 자신의 생명을 돌볼 힘을 갖고 태어난다.

어린 생명을 돌보는 일은 땅과 햇빛, 비와 바람이 싹을 틔우고 땅 위의 생명체를 키워내듯 마냥 주고 또 주는 일이다. 육아는 부모의 마음가짐에 따라 즐거운 육아가 될 수도 있고 괴롭고 힘든 육아가 될 수도 있다. 자신의 희생을 담보로 아기를 키우고 있다고 생각하면 부모와 아기는 끝없이 피해의식에 시달려야 한다.

아기는 부모가 먼저 행복해야 건강하고 올바르게 자랄 수 있다. 아기의 탄

생과 성장은 부모에게 되돌아봄의 시간을 준다. 부모 삶의 속도를 늦추게 하고 많은 것을 버리고 포기하게 만들기도 한다. 그것이 괴롭고 힘든 일일 수도 있지만 가족과 삶의 가치를 깨닫게 하는 소중한 시간이 되기도 한다. 부모의 따뜻한 사랑과 관심 속에서 자란 아이는 분명 부모의 기대만큼 건강하게 자란다는 사실을 잊지 말자.

김 수 현

CONTENTS

1

이유식, 건강한
아기를 만드는 훈련

2 이유식, 기본부터 배우고 시작하자

3

이유식, 재료를 바꿔라

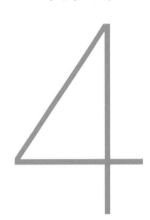

엄마가
만드는
영양만점
이유식

4

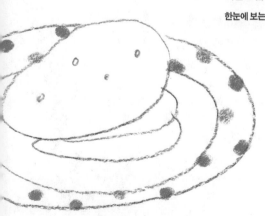

약보다
더 좋은 것은
아기의
자연 치유력

5

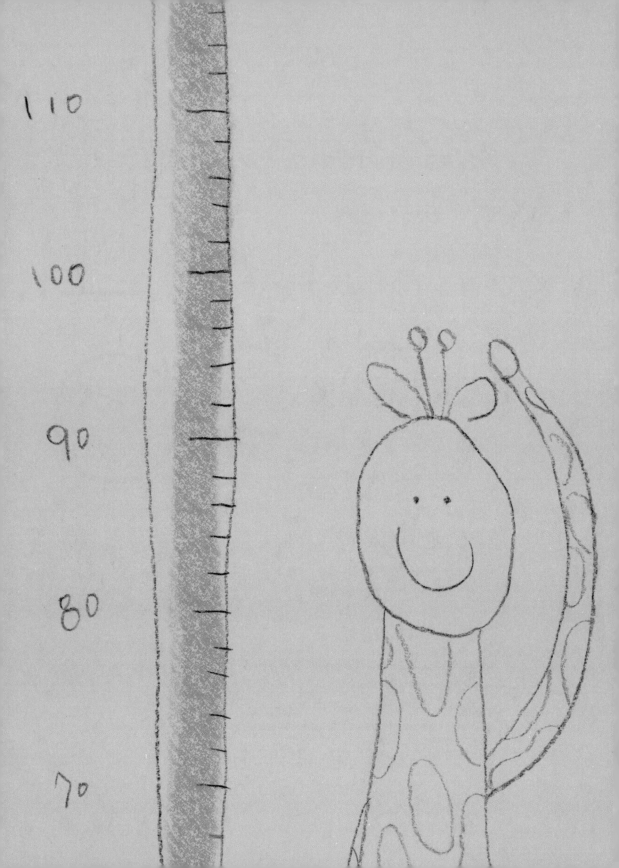

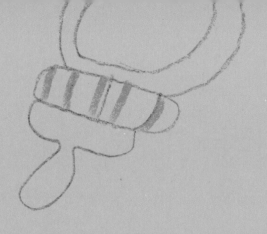

PART 1

이유식, 건강한
아기를 만드는 훈련

이유식은 단지 영양을 섭취하기 위한 수단이 아니다. 이유기에 음식을 씹고 넘기는 과정은 아기들의 장기를 건강하
게 만들어준다. 영양 섭취에 대한 엄마의 욕심이 영양 과잉으로 이어져 오히려 아기의 몸과 마음을 병들게 하고 있
다. 영양 섭취는 물론 아기가 음식의 질감과 향을 느낄 수 있도록 도와야 한다. 평생 식습관을 결정하는 이유기. 이
제 영양학적 환상을 버리고 아기들의 이유식을 다시 시작할 때다.

지금까지의
이유식은 버려라

이유식의 가장 중요한 목적부터 파악하라

●   이유기는 아기가 세상에 나와 엄마의 젖을 끊고 평생 자신이 살아가면서 먹어야 할 음식들과 친숙해지는 시기다. 즉, 유동식에서 고형식으로 넘어가는 훈련을 하는 시기라 할 수 있다. 아기들은 자극과 훈련 없이 영양만 섭취해서는 성장할 수 없다. 대체로 엄마들은 이유기를 아기의 성장에 필요한 영양을 공급하는 정도로만 생각한다. 하지만 아기들은 이유기를 거쳐 몸과 마음이 모두 성장하게 된다. 이 성장기 전체에 걸쳐 영양과 훈련, 두 가지 균형을 잘 잡아줘야 건강한 아이로 클 수 있다.

이유식은 아기의 신체 내부 장기를 튼튼하게 만들고 면역기능을 향상시켜 아기가 건강하게 자랄 수 있도록 돕는다. 아기들이 평생 엄마의 젖을 먹고 살 수는 없다. 아기가 태어난 지 6개월이 지나면 엄마의 몸에서는 아기의 성장과 면역에 필요한 영양소인 아연의 분비량이 줄어든다. 또 아기는 태어나서 모유나 분유의 유당을 분해해서 에너지를 만들어쓰다, 차츰 유당을 분해하는 소화 효소는 퇴화하고 전분질과 같은 당질을 분해해 에너지를 만들 수 있게 된다. 이때 아기는 이유기를 통해 영양을 섭취하는 훈련을 한다. 이유식을 먹는 아기들에게 가장 중요한 것은 밥이다. 그래서 이유기에는 영양가 있는 다양한 반찬보다 미음, 죽, 진밥, 된밥으로 옮겨가는 훈련을 잘 끝내는 게 우선이다.

갈수록 덩어리진 밥을 먹으며 씹는 훈련, 넘기는 훈련, 위를 늘이는 훈련을 하고 조금씩 다양한 맛을 경험하면서 음식에 대한 좋은 기억을 쌓으면 된다. 영양가를 생각해서 반찬도 다양해야 하고 다양한 요리법을 알고 있어야 한다고 생각하기 쉽지만 이유기에 가장 중요한 것은 아기들이 밥을 잘 먹게 하는 것이다. 나머지 문제는 천천히 한 가지씩 해결하면 된다.

많은 엄마들이 처음으로 음식을 접하는 아기에게 좀 더 부드럽고 넘기기 쉬운 음식을 먹여야 한다고 생각한다. 하지만 그것은 잘못된 생각이다. 부드러운 것을 먹으면 먹을수록 아기의 치아는 약해지고, 씹지 않기 때문에 미각 신경 또한 퇴화한다. 뿐만 아니라 장에서 유산균이 살 수 없게 되고 배변 속도도 늦어져 양도 줄고 딱딱해진다.

아기의 씹는 힘을 잘 관찰하면서 미음, 죽, 진밥, 된밥의 순서로 이유식 단계를 거쳐야 한다. 이 단계를 거쳐 어른들이 먹는 모든 음식들을 아기들도 먹을 수 있도록 해야 한다. 아기들에게 무조건 부드러운 음식만 먹여야 한다고 생각해서는 안 된다.

그렇다면 이유기에는 어떤 음식을 먹이는 게 좋을까? 유기 축산으로 키운 닭들은 생후 일주일 동안 현미를 먹는다. 현미를 먹고 자란 병아리들은 잔병치레 없이 잘 자란다. 현미는 위장의 소화능력, 배설능력을 높여준다. 위장관의 능력은 건강의 핵심이라고도 할 수 있다. 위장의 소화능력이 떨어지면 각종 알레르기 증상이 생기며, 배설능력이 떨어지면 장에서 만들어지는 독소 때문에 각종 질병이 생긴다. 아기에게 처음부터 거친 음식을 주는 것이 좋지 않을 거라고 생각할 수 있지만 부드러운 음식보다 조금 거친 음식을 주는 것이 진정 아이의 건강을 생각하는 길이다.

이유식, 양이 정해져 있다는 생각을 버려라

● 아기에게 얼마만큼의 이유식을 주는 게 좋을까? 엄마들은 조금 먹이면 영양이 부실하지 않을까 걱정이고 많이 먹이면 배탈이 나지 않을까 늘 걱정이다. 이유식은 보통 5~6개월에 시작해서 돌 전후 후기 이유식을 거쳐 24개월까지 어른들이 먹는 음식을 모두 먹을 수 있도록 훈련한다.

일반적으로 이유기 초기에 50g 정도를 먹인다고 하지만 현실은 그렇지 않다. 계량도 쉽지 않고 실제 아기들은 그것을 다 먹기 힘든 경우도 많다. 아기마다 이유기의 시작 시기도, 먹는 양도 다르다. 세상의 모든 아기에게 먹이는 이유식 양이 일관되게 정해져 있는 것은 아니다.

이유식 양은 아기가 얼마나 먹고 싶어 하는지, 아기의 혀와 이에 어느 정도 힘이 생겼는지, 그리고 위의 용적이 늘어나는 정도에 따라 다르게 적용해야 한다. 어떤 아기들은 입에서 밀어내고 어떤 아기들은 울기도 한다. 또 아기가 점점 커가면서 호기심이 많아질수록 이유식에 집중하기보다는 딴청을 피우고 장난을 치는 경우도 많다.

아기의 개인차를 고려하지 않고 일반적인 이론으로 정해진 양만큼 이유식을 꼭 먹여야 한다는 생각은 잘못된 것이다. 보통 이유기 초기에는 미음을 1/3 공기 정도(50g) 주고 이유기 중기가 되면 미음 같은 죽을 반 공기 정도(100g) 주며 이유식 후기가 되면 진죽 1/3공기 정도(120g)를 주고 이유기 완료기에는 된죽 한 공기(150g)를 준다. 이러한 이유식 양은 이론적인 것일 뿐, 아기의 반응에 따라 그때그때 양을 조절해도 전혀 무리가 없다.

지금 아기가 조금 덜 먹고 이유식을 거부해도 크게 걱정하지 않아도 된다. 아기가 밥을 먹지 않으면 살 수 없다는 걸 알게 되면 자연스럽게 해결되기 때문이다. 아기가 밥을 먹지 않는다고 해서 우유나 빵, 과자 등을 줘서는 안 된다. 달콤하고 먹기 쉬운 간식에 맛을 들이면 성장한 뒤에도 밥을 싫어하고 편식을 하기 쉽다.

어떤 포유동물도 이유기가 지난 다음에는 제 어미의 젖을 먹지 않는다. 젖과 같은 유동식이 아닌 덩어리진 고형식을 먹고 산다. 하지만 아기들이 모유나 분유를 먹다가 갑자기 어른들이 먹는 밥을 먹을 수는 없다. 이유기가 완료되는 돌까지는 모유나 분유 수유를 계속해야 한다. 6개월까지는 모유나 분유 수유 중심으로, 이유기를 완료하는 시기에는 간식 정도 수준으로 모유나 분유를 먹어야 한다. 이유식의 가장 큰 목적은 평생 자신이 먹어야 할 음식들을 먹기 위해서 덩어리진 음식들을 조금씩 경험하고 훈련하는 것임을 잊지 말자.

이유기에서 중요한 것은 이론적으로 정해진 이유식의 양이 아니다. 지금 내 아기가 먹는 양이 다른 아기들과 다르다고 해서 크게 걱정하거나 조급해할 필요가 없다. 중요한 것은 이유식의 양이 아닌 밥을 먹는 습관을 기르는 것이다.

소아표준 성장치가 아이의 건강과 비례한다는 생각을 버려라

● 육아에서 가장 힘든 일은 아기가 아프거나 심하게 투정을 부릴 때다. 내 아기가 다른 아기보다 뒤처지고 있거나 뒤처질 수 있다는 불안감 역시 엄마들을 힘들게 한다. 월령에 따라 아기들은 이 정도 커야 하고 몸무게는 이 정도는 나가야 하고 이때는 이 이유식, 저때는 저 이유식을 먹어야 한다는 생각에 엄마와 아기가 모두 스트레스를 받고 있는 것이다.

육아에서 엄마가 가장 먼저 시작해야 할 일은 이론적인 수치에 민감해지는 것이 아니라 사랑과 따뜻한 관심으로 아기를 키우는 것이다. 모든 아기들이 태어날 때 몸무게가 다 제각각이듯 성장 속도도 다를 수밖에 없다. 임신 중에 엄마들의 식습관과 생활습관, 그리고 건강 상태가 다르기 때문이다. 아빠의 음식도, 아빠의 마음도, 아빠가 준 유전적 조건도 모두 다르다. 이렇게 다른데 어떻게 내 아기와

다른 아기를 비교할 수 있을까. 적은 몸무게로 태어난 아기가 그 모든 것을 회복하려면 적어도 2~3년의 시간이 필요하다. 만약 몸무게가 많이 나간다면 식욕이 줄고 대사 속도가 정상 수준으로 조절이 가능할 만큼 지나야 정상체중을 회복하기 시작한다.

다른 집 아기보다 작다는 생각에 부모는 자식의 성장을 보면서 기뻐하는 것이 아니라 초조해하고 불안해한다. 심지어 어떤 엄마는 아기가 제대로 건강하게 크고 있어도 옆집 아기와 비교하며 한의원이나 병원으로 달려간다. 아기가 말로 표현할 수 없다고 해서 부모의 불안을 느끼지 못하는 것은 아니다. 그리고 아기들이 심리적으로 불안해지면 면역력도 떨어지고 지적인 성장도 둔화될 뿐만 아니라 몸무게도 늘지 않는다.

아기가 태어날 때 어떤 영양학적, 심리적, 사회적 상태인지는 알 수 없다. 아기가 유전적으로 간이 좋은지, 심장이 좋은지, 위장이 좋은지 등을 아는 일 또한 쉬운 일이 아니다. 아기가 어떤 성향과 능력을 가지고 태어났는지도 알 수 없는 일이다. 그렇기 때문에 부모는 아기를 잘 알고 이해하기 위해 늘 관찰해야 한다.

소아표준 성장치의 숫자와 내 아기의 성장치가 얼마나 차이가 있는지에 대한 관심보다는 온전히 자신의 아기만 놓고 봐야 한다. 아기가 무엇을 좋아하는지, 어떤 반응을 보이는지, 심리적으로 어떤 상태인지, 비교가 아닌 관찰이 우선이다. 아기를 위한 진정한 부모의 사랑과 관심은 아기를 알기 위해 끊임없는 관찰과 노력에서 시작한다.

훈련의 기회를 박탈하는 시판 이유식을 버려라

● 　엄마들이 아기를 키우면서 가장 관심을 갖는 것은 아기의 건강이다. 그렇기 때문에 자연스럽게 아기의 먹을거리에 관심을 갖게 된다. 또한 이유식을 시작할 시기가 되면 인터넷, 책, 잡지 등을 통해 각종 정보를 수집한다. 정보를 얻는 과정에서 많은 엄마들이 영양 성분을 강화했다는 시판 이유식의 광고에 귀가 솔깃해진다.

각종 영양 성분을 강화한 시판 이유식. 시판 이유식의 광고를 접하면 마치 아기의 건강을 위해 꼭 먹여야 할 것만 같은 생각이 들기도 한다. 하지만 다양한 재료를 가공하여 만들어 각종 영양 성분이 골고루 들어 있다고 광고하는 시판 이유식은 엄마가 직접 만드는 것보다 신선도가 훨씬 떨어진다. 조리를 해서 먹이는 식품이 아니기 때문에 엄마의 손맛과 조리방법을 경험할 수 없는 것은 물론이다. 뿐만 아니라 인스턴트 음식에 맛을 들이기 쉽다. 설탕의 함량이 20%를 넘을 정도로 많이 들어 있어 상대적으로 달지 않은 밥이나 반찬보다는 자극적인 인스턴트 음식을 더 좋아하게 되는 것이다.

시판 중인 깡통 이유식은 이유식 용기에 되직하게 개어서 먹이지만 젖병에 넣어 묽게 해서 먹여도 된다고 표기되어 있다. 되게 먹는 것과 묽게 먹는 것의 차이는 물의 양밖에 없다고 생각할 수도 있다. 그러나 절대 그렇지 않다. 이유식을 묽게 해서 젖병에 넣어 일 년 내내 먹인다면 아기는 훈련할 기회를 영원히 잃어버린다.

아기는 다양한 음식의 맛과 향기, 질감을 접함으로써 두뇌가 발달하고, 창의력이 발달한다. 하지만 시판 이유식은 아기의 미각과 두뇌를 발달시키는 최초의 기회를 빼앗는다. 시판 이유식은 대부분 분말 형태라 씹어 삼키는 능력을 키우기 어렵다. 이유식은 말 그대로 젖을 떼는 과정이다. 젖을 먹던 아기가 씹을 수 있는 고체 음식을 먹을 수 있도록 돕는 훈련 과정인 것이다. 이러한 중요한 시기에 씹는 연습을 하지 않으면 소화기능은 물론, 아기의 평생 식습관에 문제가 생길 수 있다.

중요한 것은 아기가 먹는 양만 무조건 늘리거나 힘들이지 않고 먹을 수 있도록 배려하는 게 아니다. 아기는 훈련을 해야 한다. 할 수 없이 시판 이유식을 먹이고 있다면 절대 젖병에 넣어 흔들어 먹이면 안 된다. 되직하게 개어서 천천히 떠 먹이고 아기가 우물우물 삼켜 먹을 수 있게 지켜봐야 한다.

시판 이유식을 젖병에 넣어 흔들어 먹이면 많은 영양 성분이 첨가되어 있더라도 다양한 맛과 질감을 느낄 수 없다. 따라서 미각의 발달이 더디고, 씹고 삼키는 훈련을 제대로 할 수 없어 편식을 할 수 있다.

보통 50~60가지의 식품을 분말로 만들어 판매하는 이유식과 조제분유는 지나치게 많은 영양, 과당, 설탕을 함유하고 있어 영양 과잉이나 소아 비만을 일으킬 위험도 있다. 물론 이유식을 하는 아기들에게 어른들이 먹는 음식처럼 맵고 짠 음식을 먹이는 것은 아니다. 하지만 분유나 모유가 아닌 새로운 음식을 접하는 시기에 다양한 맛이 아닌, 오직 단맛에만 길들여진다면 성장한 뒤에도 계속 단 것만 찾을 수 있다.

비록 조리 과정에서 비타민이 파괴되거나 일부 영양소가 손실된다 하더라도 아기에게 가장 좋은 음식은 엄마가 직접 손으로 만들어 먹이는 이유식이다. 현실적으로 매일 다양한 재료와 조리법으로 이유식을 만들어 먹이기는 힘들다. 하지만 간단한 조리법과 재료만으로도 아기의 미각발달을 촉진시키고 영양소도 공급할 수 있는 방법이 있다.

수백 개의 이유식 레시피를 버려라

● 　서점에 나가보면 수십 권의 이유식 책들이 한쪽 코너를 차지하고 있다. 그

책 속에는 수백 개의 레시피가 실려 있다. 어른들에게도 그렇게 많은 음식이 필요 없는데 과연 아기들에게 그 많은 이유식 레시피가 필요할까?

수백 가지의 이유식 레시피를 보면 그 안에 수없이 많은 재료가 들어간다. 그 수백 개의 레시피 속에는 아기들이 절대로 먹어서는 안 되는 재료들도 상당수 끼어 있다. 아기의 월령에 따라 먹을 수 있는 재료가 한정되어 있는데 많은 레시피에서 잘못된 식습관을 키울 수 있는 재료를 소개하고 있기도 하다. 아기들에게 밀가루와 계란, 기름의 맛을 먼저 알게 하는 이유식만큼 위험한 것도 없다.

뿐만 아니라 수백 개의 이유식 레시피를 따라하다 보면 엄마들의 부담은 커지게 된다. 수백 개의 레시피에 등장하는 수십 가지의 재료와 조리방법 때문이다. 물론 이유기는 아기가 여러 가지 맛과 엄마의 다양한 조리 방법을 경험하게 되는 중요한 시기지만 앞에서도 언급했듯이 이유식에 수십 가지 재료와 조리법이 필요한 게 아니다. 가장 중요한 것은 비슷한 재료로 이유식의 묽기를 조절하는 것이다. 어른들이 먹는 음식처럼 튀기고 볶을 필요도 없고, 그저 데치거나 삶고 끓이면 된다.

요리 과정이 복잡해지면 질수록 영양소는 파괴되고 음식 고유의 맛은 잃게 된다. 처음에야 이것저것 온갖 재료와 여러 가지 조리법으로 새로운 이유식을 만들기도 하겠지만 시간이 지날수록 조금 더 간편한 조리방법을 찾게 된다. 그러다 보면 전자레인지나 오븐과 같이 고온에서 음식을 조리하는 경우가 많은데 사실 그것만큼 위험한 것도 없다.

냄비에 음식을 넣고 불 위에서 가열하면, 음식에 골고루 열이 전달되는 것과는 달리 전자레인지는 수분에 열이 가해진다. 따라서 이유식에 포함되어 있는 수분에 높은 온도의 열이 가해지고, 이 과정에서 영양소가 파괴되기도 하고 수분이 손실되기도 한다. 영양 파괴와 수분 손실을 염려한다면 74℃ 이상의 높은 온도에서 중탕으로 조리하는 것이 훨씬 효과적이다.

수백 가지의 무분별한 이유식 레시피는 아기의 건강과 올바른 식습관을 잡아주기는커녕 엄마에게 부담만 주고 자칫 아기들이 나쁜 입맛을 갖게 될 수 있다. 단순히 엄마의 부담감을 줄이기 위해서가 아니라 엄마가 편해지는 음식이 아기에게도 건강한 음식이라는 생각의 전환이 필요하다.

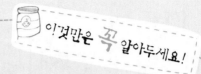

이것만은 꼭 알아두세요!

1 이유식의 가장 중요한 목적부터 파악하라

이유식의 목적은 부족한 모유의 영양을 채우는 데만 있는 것이 아니다. 이유기는 아기가 세상에 나와 엄마의 젖을 끊고 평생 자신이 살아가면서 먹어야 할 음식들과 친숙해지는 경험을 하는 시기다. 즉, 유동식에서 고형식으로 넘어가는 훈련을 하는 시기라 할 수 있다. 이유기의 훈련은 아기의 신체 내부 장기를 튼튼하게 만들고 면역기능을 향상시켜 성장기에 있는 아기를 건강하게 해주는 과정이다.

2 이유식 양이 정해져 있다는 생각을 버려라

아기마다 이유기의 시작도, 먹는 양도 다르다는 것이다. 세상의 모든 아기에게 먹이는 이유식의 양이 일관되게 정해져 있는 것은 아니다. 아기가 얼마나 먹으려 하는지, 아기의 혀와 이에 힘이 생겼는지, 씹는 능력과 위의 용적이 늘어나는 정도에 따라 다르게 적용해야 한다. 이유식 양은 단지 이론일 뿐이다. 아기의 반응에 따라 그때그때 양을 조절해야 한다.

3 소아표준 성장치가 아이의 건강과 비례한다는 생각을 버려라

모든 아기들은 태어날 때부터 몸무게를 비롯한 신체 조건이 다르다. 임신 중 또는 결혼 전 엄마들의 생활습관과 건강 상태가 다르기 때문이다. 육아에서 엄마가 가장 먼저 시작해야 할 일은 이론적인 수치에 민감해지는 것이 아니라 사랑과 관심으로 아기를 키우는 것이다.

4 자극과 훈련의 기회를 박탈하는 시판 이유식을 버려라

아기는 다양한 음식의 맛과 향기, 질감을 접함으로써 두뇌가 발달하고, 창의력이 향상된다. 하지만 시판 이유식은 아기의 미각과 두뇌를 발달시키는 최초의 기회를 빼앗는다. 시판 이유식은 대부분 분말 형태라 씹어 삼키는 능력을 키우기 어렵다. 또한 엄마가 만드는 이유식보다 신선도가 떨어지고 자극적이어서 인스턴트 음식을 좋아하는 아이로 자랄 수 있다.

이유식, 단순 영양 섭취가 아닌 훈련이다

우물우물 넘기는 훈련
목 안의 근육을 발달시켜 음식을 잘 삼킬 수 있게 한다

●   혀, 잇몸, 이를 이용해 음식을 씹는 감각을 키우고 넘기는 훈련을 시작하는 시기다. 아기들의 목 근육은 아직 발달되어 있지 않아 근육의 힘이 약할 수밖에 없다. 주르륵 흐르는 유동식은 자연스럽게 넘길 수 있지만 목구멍 근육을 움직이면서 음식을 식도로 보낼 만큼 발달하지는 않았다.

아기들은 밥을 계속 입에 물고 있거나 넘기지 못해서 빨리 먹지 못하는 경우가 많다. 빨리 먹는 것 또한 나쁘지만 넘기는 훈련이 되지 않아서 천천히 먹고 있다면 여러 가지 문제가 생길 수 있다. 그래서 이유기 때의 식습관 훈련이 중요한 것

이다. 삼키는 훈련을 통해 아기는 입에 고인 침을 삼키는 법도 터득하게 된다. 이유기 때 훈련을 잘한 아기들은 침을 흘리지 않는다. 이렇듯 이유식은 단순히 영양 섭취만 하는 게 아니라 음식을 먹고 식습관을 바로잡는 훈련을 하는 중요한 시기다.

　　넘기는 훈련을 할 때 가장 중요한 것은 아기 스스로 '음식을 먹어서 넘겨야지' 하는 의지가 생기게 하는 것이다. 만약 아기들이 음식을 먹으면서 딴 생각을 하거나 관심이 다른 곳에 가 있다면 굳이 억지로 먹일 필요는 없다. 만약 그렇게 한다면 아기들은 목 근육의 필요성을 못 느끼게 된다. 이렇게 자란 아기들은 '연하 곤란증'으로 영양장애 문제가 생길 수 있다. 연하 곤란증은 음식물이 입 안에서 위 속으로 이동되는 연하과정에 장애가 생긴 것을 말한다. 연하 곤란이 오랜 기간 지속되면 식사를 제대로 할 수 없어 체중이 줄고 탈수증상이 나타나거나 영양소 부

족으로 심각한 영양 결핍증을 앓게 된다.

연하 곤란증이 큰 문제가 되는 아기라면 태어나면서부터 비위가 약해 음식에 관심이 없거나 한의학적으로 간의 기능이 떨어져 근육의 형성이 잘 안 되는 경우에 해당한다. 물론 모든 아기들이 문제없이 완전하게 태어나는 것은 아니다. 하지만 대부분의 문제들은 성장하면서 자연 치유가 되므로 일상생활에는 지장이 없다. 그러므로 아이의 성장에 큰 영향을 미치는 이유기의 훈련이 중요한 것이다.

이유식은 음식 먹는 법과 여러 가지 맛을 익히는 최초의 훈련과정이다. 이유식은 이후 아기의 식습관 형성과 건강에 많은 영향을 주므로 영양은 물론 음식 맛을 골고루 보게 하고 목 근육을 이용해 넘기는 훈련을 시켜야 한다.

보통 아기들의 발달과정을 보면 생후 5~7개월이면 떠주는 음식물을 받아먹을 수 있다. 8개월 정도가 지나면 혀 움직임이 자연스러워지고, 10개월에는 씹는 동작을 할 수 있다. 이러한 아기의 성장생리에 맞춰 이유식 초기에는 꼭 이유식을 떠먹이는 것이 바람직하다. 하지만 많은 엄마들이 이유식 훈련의 중요성을 모르고 젖병에 넣어 먹이는 경우가 많다. 목으로 넘기는

 tip 넘기는 훈련, 이렇게 해보세요!

1. 수유시간이 일정해지도록 조절한다. 하루 한 번 일정한 수유시간을 정해두고 모유나 우유 대신 이유식을 먹인다.
2. 억지로 먹이지 말고 느긋한 마음으로 천천히 먹인다.

아기가 먹고 싶어 하는 신호를 아는 것이 중요하다.
3. 새로운 식품은 한 번에 한 숟가락씩 주어 아기의 반응이나 소화력, 변 상태 등을 살펴보면서 2~3일마다 1스푼씩 양을 늘려간다.

훈련이 되어 있지 않아 아기의 옷이 더럽혀지고 또 먹는 양이 적다는 이유로 숟가락으로 먹이기를 포기한다면 이유식 초기 훈련은 실패한 셈이다. 초기 훈련이 실패하면 중기, 후기의 과정들도 힘들어진다.

씹는 훈련
타액의 분비를 원활하게 만들어 소화 흡수 기능을 돕고
뇌 기능이 발달한다

● 아기들은 혀와 잇몸의 놀림이 빨라지면서 이가 나기 시작한다. 이가 나면 씹는 훈련이 시작된다. 앞니는 음식을 끊는 역할을 하고 나머지는 혀로 녹이거나 으깨게 된다. 차츰 더 많은 이가 나기 시작하면서 더 많이 씹게 되고 어금니로 갈아먹게 된다. 씹는 훈련은 타액의 분비를 원활하게 만들어 소화 흡수 기능을 돕고 음식 맛에도 예민해진다. 뿐만 아니라 뇌의 혈액량이 증가해서 두뇌를 마사지하는 역할도 한다. 많이 씹는 아기일수록 사물의 인지능력과 기억력이 더 발달한다.

대체로 생후 9~11개월 사이에 씹는 훈련을 해야 한다. 이 시기에 아기는 잇몸으로 음식을 씹을 수 있다는 것을 알게 되고, 입을 상하좌우로 잘 움직이게 된다. 숟가락으로 이유식을 떠먹으면서 씹고 삼키는 과정이 아기의 뇌에 자극을 준다. 이로 인해 뇌의 활동이 활발해지고 얼굴 근육과 골격이 발달한다. 따라서 씹는 훈련만 잘 해도 얼굴 모양새가 정리되어 예쁜 용모를 만들 수 있다. 씹는 훈련은 혀와 입 근육, 턱 관절을 단련해 말하는 능력을 향상시키고, 치열을 고르게 만드는 효과도 있다.

이가 음식을 씹는다면 혀는 음식의 맛을 본다. 아기의 이가 나는데도 유동식과 같은 부드러운 음식만 먹이면 아기의 치아는 약해진다. 이가 나는 것에 비례해 음식도 갈수록 덩어리진 음식을 먹어야 한다. 아기들마다 이가 나는 속도가 다르기 때문에 내 아기의 씹는 능력을 세심하게 살펴보는 것이 중요하다.

침샘은 음식을 많이 씹으면 씹을수록 발달한다. 침에는 당분을 소화시키는 효소들이 들어 있어 음식의 달콤한 맛을 느낄 수 있다. 뿐만 아니라 위장의 부담을 줄여주고 빨리 포만감을 주어 식욕을 조절해주기도 한다. 씹는 행위를 저작이라고 하는데 저작 운동을 잘 할수록 뇌에 공급되는 혈액량이 늘어나서 아기들의 뇌 발달에 좋은 영향을 미친다.

씹는 연습을 통해 혀의 미각 세포 또한 성장한다. 혀에는 다양한 음식 맛을 경험하고 기억할 수 있도록 미각 세포가 분포해 있다. 미각 세포에서 느낀 맛은 미각 신경을 통해 뇌로 전해져 음식 맛을 기억하고 저장한다. 미각 신경은 아기가 음

---

tip 씹는 훈련, 이렇게 해보세요!

1. 수유횟수는 1일 2회 정도로 줄여가고, 이유식 후에 수유를 주면서 수유 양을 서서히 줄여나간다. 이유식은 1일 3~4회까지 차츰 늘려 나간다.
2. 가능한 어른과 똑같은 식사 시간에 이유식을 준다.

가족의 식사를 준비하면서 그 재료를 먼저 덜어 함께 준비하면 더욱 편리하다.
3. 식습관이 형성되는 중요한 시기이므로 넘기는 훈련을 할 때보다 조금 더 덩어리진 음식을 준다.

식을 씹는 동안 발달한다. 씹는 동안 음식이 입 안에 머물 수 있기 때문이다. 후루룩 넘기면 그만인 유동식만 먹으면 뇌는 아무것도 기억할 수가 없다.

하지만 요즘 아이들은 인스턴트식품에 길들여져 잘 씹으려 하지 않고 그저 빨리 먹고 금방 배를 채우려고 한다. 소아비만이 늘어나는 이유도 여기에 있다. 많이 씹을수록 침의 분비가 늘어 소화를 돕고 포만감이 오는데, 이 과정이 익숙하지 않아 악순환이 반복되는 것이다. 침샘에서 분비하는 파로틴은 '젊어지는 호르몬'으로 불릴 정도로 뼈의 석회 침착과 연골의 증식을 촉진한다.

이토록 많은 이점에도 불구하고 아이들이 씹는 것을 싫어하는 주원인은 대부분 이유기 때 올바른 훈련과 이유식을 하지 못한 데 있다. 그만큼 이유기에 씹는 훈련을 통해 편식을 예방하고 올바른 식습관을 들이는 것이 중요하다.

자연의 미각을 발달시키는 훈련
다양한 맛을 느끼게 해야 장기가 튼튼하다

● 아이들의 잘못된 식습관을 개선하려면 씹을 수 있는 다양한 음식을 맛보게 하는 것이 좋다. 첨가물이 많이 든 단맛이 아니라 많이 씹었을 때 음식물이 잘게 부서지면서 나는 단맛을 느끼게 해주어야 한다. 아기들은 씹는 과정에서 음식의 다양한 맛과 향, 질감을 기억하고 뇌에 저장하게 된다. 아기가 음식에 대한 바른 정보를 갖고 편견 없이 다양한 음식을 좋아하려면 우선 부모의 경험이 다양해야 한다. 부모가 음식에 대한 잘못된 생각을 갖고 있거나 편

식을 하고 있다면 아기들도 다양한 음식을 경험할 수 없다.

이유기는 한 가지씩 음식의 가짓수를 늘려가며 맛을 보고 냄새를 맡고 음식 고유의 질감을 느끼는 시간이다. 어른들이 먹는 음식을 모두 먹을 수 있도록 미각 세포를 발달시켜나가야 한다.

혀에는 미각 세포들이 분포되어 있다. 혀의 앞부분은 단맛을 느끼고 뒷부분은 쓴맛을 느낀다. 혀의 옆 부분은 신맛을, 혀의 전체에서 짠맛을 느낀다. 매운맛은 혀의 전체에서 통각으로 느낀다. 동양 철학의 기본 원리에 따르면 이 대표적인

5가지 맛이 오장의 기능을 돕는다. 따라서 신체 내부 장기들이 모두 건강하기 위해서는 다양한 맛을 느껴야 한다.

　　몸이 신체의 어느 장기 하나로 건강함을 유지할 수 없는 것처럼 어떤 특정한 맛에 빠져서는 건강을 지킬 수 없다. 단맛과 기름진 맛 등 특정한 한 가지 맛만 즐기면 건강을 지킬 수 없다. 너무 단 것을 좋아해서도 안 되고, 너무 짠 것, 너무 신 것, 너무 쓴 것, 너무 매운 것 등을 좋아해서도 안 된다. 어떤 것을 더 좋아하면 할수록 어떤 영양소는 넘치고 어떤 영양소는 결핍되기 때문이다. 중요한 것은 지나치지 않고 한쪽으로만 치우치지 않은 것이다. 그래서 모든 맛을 즐겨 먹을 수 있어야 한다. 음식의 참 맛은 지나치지 않는 담백한 맛이다.

　　혀는 몸을 지켜주는 경비원이라고 했다. 혀는 몸의 생명 활동을 잘 유지하는 데 필요한 영양 물질과 생명 활동에 전혀 필요 없는 방부제, 색소, 향료, 화학조미료와 같은 화학 물질들을 구분한다. 미각 신경이 살아 있는 아기들은 몸에 좋지 않은 것은 찾지 않을 뿐만 아니라 먹어도 몸이 먼저 거부한다. 아니면 먹는 양과 횟수를 스스로 줄이려고 한다. 화학 첨가물들이 많이 들어 있는 음식을 먹으면 속

 tip 미각 훈련, 이렇게 해보세요!

1. 미각은 시각과 후각의 영향을 받는다. 갓 만들어낸 신선한 이유식의 고운 색깔과 재료의 향은 아기들의 시각과 후각을 자극해 미각발달에 도움을 준다.
2. 여러 가지 음식을 맛보게 한다. 1~2주 간격으로 여러 가지 음식을 이유식에 섞어서 맛을 보게 한

다. 이때 음식에 반응하는 아기의 상태를 확인하는 것이 중요하다.
3. 이유식은 신선한 재료로 만드는 것이 좋다. 이때 냉동, 건조 보관한 재료보다는 신선한 재료를 사용하는 것이 재료의 맛과 향을 느끼는 데 좋다.

이 울렁거리거나 머리가 아프고 몸이 가려워지기 때문이다.

음식으로 아기들의 미각 신경을 살려주는 것은 아기들이 스스로 자신의 몸을 지킬 수 있도록 방어벽을 만들어주는 것과 같다.

위의 용적을 늘이는 훈련
위의 용적을 늘이지 못하면 편식하는 아이로 자랄 수 있다

● 아기들이 태어날 때 위의 모양은 일직선에 가깝다. 위장의 위아래를 묶고 있는 괄약근이 아직 미숙하기 때문에 쉽게 토하기도 한다. 차츰 유동식에서 고형식으로 넘어가면서 위는 늘어나게 되고 차츰 일정한 주머니 모양을 갖추게 된다. 가장 중요한 것은 아기에게 일정한 양의 음식을 주고 3~4시간이 경과할 때까지는 다른 음식에 대한 욕구가 생기지 않게 하는 것이다. 이것이 위의 용적을 늘이는 훈련의 시작이라 할 수 있다.

위의 용적을 늘이는 훈련은 모유를 먹든, 분유를 먹든 일정량을 충분하게 먹게 하면서 차츰 위를 늘어나게 하는 것이다. 만약 아기 때부터 입이 짧아 한꺼번에 충분한 양을 먹지 못하면 위의 용적이 늘지 않게 된다. 이렇게 되면 조금만 먹어도 배가 불러 충분한 양을 먹지 못하는 악순환을 반복한다.

분유 수유를 하는 아기는 모유 수유를 하는 아기보다 빠는 힘이 약하고, 체질적으로 약하게 태어난 아기들은 쉽게 분유의 양도 늘이지 못한다. 분유 수유를 할 때 젖꼭지의 구멍을 크게 하여 사레가 들리지 않을 정도로 술술 넘어가게 해주었는데도 아기가 한 번에 먹는 양이 적다면 위의 용적이 커질 수 없다. 반면 아기가 힘들여 빨지 않아도 술술 넘어가는 분유는 위의 용적이 너무 커져 비만이 될 가능성 또한 높아진다. 따라서 적정 크기로 위의 용적을 늘이는 훈련은 건강한 아기로 자라게 하기 위한 필수 훈련이나 마찬가지다.

그렇다면 아기의 위 용적을 늘이는 훈련을 성공적으로 하기 위해서는 어떻게 해야 할까? 아기들이 수유나 이유식을 마치고 2~3시간, 3~4시간의 공복을 참을 수 있도록 식사량을 늘려나가면 차츰 위의 용적도 조금씩 늘어난다. 아기가 다른 아기들보다 위가 작게 태어났다고 해도 너무 걱정할 필요는 없다. 아기의 성장이 이유기로 끝나는 것은 아니기 때문이다.

물론 아기가 엄마가 만들어준 이유식을 충분히 먹지 않는다면 이보다 더 속상한 일도 없을 것이다. 하지만 위의 능력은 그야말로 위대해서 어떤 생각을 하고 있느냐에 따라 커지기도 하고 작아지기도 한다. 식욕은 의욕을 반영하기 때문이다. 식욕부진, 소화능력 부진, 영양의 흡수능력 부진이 아기의 성장을 방해하는 가장 큰 원인들이다. 아기가 밥을 잘 먹으려면 아기가 삶의 의욕과 호기심을 갖고 즐겁게 생활할 수 있도록 돕는 것이 가장 중요하다.

tip 위 용적 늘이는 훈련, 이렇게 해보세요!

1. 잘 먹지 않을 때는 억지로 먹이지 말고 모유나 분유의 양과 횟수를 줄인 다음 이유식을 시도해본다.
2. 이유기가 끝난 뒤에는 아기의 소화능력과 기호를 고려해 유아식을 준비한다.
3. 한 번에 먹는 이유식의 양이 충분해야 위의 용적이 차츰 늘어나 어른들처럼 일정한 간격을 두고 식사를 할 수 있게 된다.

PART 2

이유식, 기본부터
배우고 시작하자

엄마들은 아기를 똑똑하고 건강하게 키우기 위해 신문, 인터넷 등 다양한 매체를 통해 많은 정보를 얻는다. 하지만 이 중에는 검증되지 않은 매우 위험하고 잘못된 정보들이 많다. 실제로 많은 엄마들이 영양보충을 이유로 온갖 재료를 무분별하게 섞어주는데 이것은 매우 위험한 것이다. 잘못된 이유식이 아기의 평생 건강을 위협할 수 있다. 아기의 첫 음식 이유식, 이제부터 기본부터 제대로 배우고 제대로 만들어주자.

모유수유가
이유식 성공을 도와준다

소아 당뇨를 유발하는 임신 전 나쁜 식습관

● 많은 산모들이 임신을 하면 '음식 조심하고 술, 담배, 커피 안 해야지!' 하고 생각한다. 물론 임신 후에 이러한 것을 주의하는 것도 중요하다. 하지만 산모와 태아의 건강은 임신 전 엄마의 식습관과 생활습관에 의해 많은 영향을 받는다. 임신 전 식생활은 임신 기간 중의 식생활에 비해 태아의 건강에 훨씬 더 많은 영향을 미치며 출산 후 아기들의 이유식에도 크게 영향을 미친다.

하지만 임신 전은 물론 임신 기간에도 나쁜 식습관을 고치지 못했다면 어떻게 해야 할까? 아기가 어떻게 태어났는지 제대로 알기 위해서는 임신 전후의 식생활을 꼭 살펴봐야 한다. 아기들이 태어났을 무렵 엄마의 식생활과 엄마의 심리적 안정도를 파악하는 것은 아기를 이해하는 데 많은 도움을 준다.

임신 초기에는 태아를 보호하기 위해 엄마의 몸에서 지방 합성이 늘어난다. 지방을 합성하기 위해서 인슐린의 분비가 증가한다. 물질을 합성하는 호르몬인 인슐린의 분비가 증가하면 물질을 분해하는 갑상선 호르몬의 역할이 방해를 받는다. 그렇기 때문에 임신 초기에는 갑상선 기능의 억제로 오한이 나고 나른해져 기분이 자주 가라앉는다.

하지만 임신 후기가 되면 더 이상 엄마가 지방층을 늘릴 이유가 없어진다. 중요한 것은 엄마의 저장 영양소들을 아기의 몸으로 보내 아기를 키우는 일이다. 따라서 인슐린 분비량이 줄어들고 갑상선 기능은 활성화된다. 갑상선 기능의 활성으로 임신 말기 엄마의 신체 대사 속도는 빨라진다. 열이 나고 땀 분비도 늘어나며 더위를 쉽게 타게 되고 숨이 가빠진다. 상대적으로 인슐린 호르몬의 역할이 억제되기 때문에 평상시에 인슐린 분비 이상을 앓고 있었다면 쉽게 임신성 당뇨에 빠지기도 한다.

임신 전에 자주 끼니를 굶거나 흰 쌀밥, 흰 밀가루 등의 식품들을 즐겨 먹고 폭식습관을 가지고 있었다면 혈당이 빨리 올라갔다가 더 많이 떨어지게 된다. 이와 같은 현상이 반복되면 인슐린, 갑상선, 부신 호르몬 분비에 이상이 생긴다. 이것은 설탕이 많이 함유된 음식을 과잉 섭취했을 때나 섬유질 섭취가 부족할 때도 나타난다.

인슐린 분비가 증가한 사람이 임신을 하면 임신 초기에 더 많은 인슐린이 분비되고 혈당도 더 떨어진다. 혈당이 떨어지면 구토와 멀미가 나고 두통이 생긴다. 임신 초기의 입덧도 인슐린 분비 증가와 갑상선 기능 저하에 따라 혈당이 떨어

45

지고 회복이 안 돼 생긴다. 만약 인슐린 분비가 정상인들보다 증가한 상태라면 남들보다 더 심하게 입덧을 하고 심할 때는 꼼짝 못하고 누워 있어야 한다.

입덧은 자연스러운 것 같지만 안 하는 것이 가장 좋고 하더라도 가볍게 하는 게 좋다. 만약 입덧을 하는 기간이 3개월, 6개월로 길어지고 9개월 내내 하고 있다면 임신 전에 심각한 호르몬 분비 장애를 앓고 있었다고 봐야 한다. 입덧 기간은 저혈당증과 갑상선 저하, 부신 기능 저하가 심각할수록 길어지기 때문이다.

임신 초기가 지나면 인슐린 분비량이 줄어들고 갑상선 기능이 회복되면서 입덧도 가라앉고 말기로 갈수록 컨디션도 회복된다. 입덧이 심한 경우에도 임신 말기가 되면 오히려 기운이 난다. 배가 불러도 몸이 무거워져 힘든 것과는 상관없이 기운이 나는 것은 인슐린 분비량이 줄어들기 때문이다. 그리고 말기가 되면 아기의 췌장이 뱃속에서 형성되면서 엄마의 약해진 췌장을 대신하기 시작한다. 엄마의 약해진 신체 기관의 기능들을 아기가 대신하고 있는 것이다. 제대로 크지도 않은 아기의 췌장이 엄마를 대신해서 일하고 있다니, 이 얼마나 비극적인가! 아기는 자신의 신체 기관들이 완전하게 성장하기도 전에 엄마의 몸 안에서부터 엄마를 위해 일하기 시작한다. 그렇기 때문에 엄마가 되기 위해서는 임신 전부터 올바른 식습관과 생활습관을 갖는 것이 중요하다.

인슐린 분비 증가에 따른 저혈당증은 차츰 당뇨병, 비만, 우울증과 같은 정신·신체 질환들로 발전하게 된다. 당뇨병에는 선천적으로 인슐린 분비가 제대로 되지 않는 소아형 당뇨인 1형 당뇨병과 인슐린의 기능 저하로 생기는 성인형 당뇨인 2형 당뇨병으로 나뉜다. 대부분 1형 당뇨는 유전적 결함에 의해 아기들에게 발병하는 것으로 알려져 있다.

그러나 최근 1형 당뇨는 뱃속에서부터 진행된 2형 당뇨라는 새로운 발표가 있었다. 아기들이 뱃속에서부터 엄마의 췌장을 대신해서 인슐린을 만들다 결국 췌장이 그 기능을 대부분 잃어 1형 당뇨를 안고 태어난다는 뜻이다. 의학적으로 많은 논란이 있을 수 있는 대목이지만 충분히 가능한 얘기다. 대부분이 인슐린 분비 이상을 앓으면서 발병하는 임신성 당뇨는 출산 후 엄마가 5년 안에 당뇨병이 될 가능성이 50%나 된다. 뿐만 아니라 아기도 거대아로 태어나서 비만과 당뇨병을 앓게 될 가능성 또한 높다.

이것은 엄마들이 임신 중에만 음식을 조심한다고 해서 해결할 수 있는 문제가 아니다. 임신 전부터 규칙적인 식습관으로 몸을 관리해야 아기의 건강을 지킬 수 있다. 엄마의 잘못된 식습관이 사랑하는 아기의 건강을 위협하고 있다면 그것은 심각한 문제가 아닐 수 없다. 임신 중의 식습관도 중요하지만 임신 전부터 엄마가 되기 위한 준비를 해야 한다.

아기의 면역력을 높여주는 모유 수유

● 아기들이 세상에 태어나 자신의 노력으로 얻는 첫 번째 경험은 무엇일까? 그것은 바로 엄마의 젖을 먹는 일이다. 아기들은 젖병에서 술술 쏟아지는 분유보다 훨씬 더 많은 힘을 줘야 엄마의 젖을 먹을 수 있다. 모유 수유를 하면서 아기들은 빨고 삼키는 힘이 생긴다. 아기들은 모유 수유를 통해 이유식에 보다 잘 적응할 수 있도록 예비 훈련을 하는 셈이다.

모유의 대표적 영양 성분인 아연은 갓 태어난 아기들의 면역기능을 지켜주고 미각 세포의 기능이 회복될 수 있도록 6개월까지 충분히 분비된다. 아연은 미각 미네랄, 편식 미네랄, 학습 미네랄, 성장 미네랄, 피부 미네랄, 섹스 미네랄, 당뇨 미네랄이라고 불릴 만큼 생리적 변화와 성장에 많은 역할을 하고 있다. 아연 수치가 정상적으로 유지되면 면역기능도 높아져 아토피, 비염, 천식과 같은 알레르기 질환도 막을 수 있다. 뿐만 아니라 미각 세포가 정상적으로 기능하기 때문에 자연스럽게 미각이 형성되어 다양한 음식에 쉽게 적응할 수 있도록 돕는다.

아기가 태어난 지 6개월이 지나면 모유의 아연 분비량이 줄어든다. 6개월 전까지는 갓 태어난 아기가 엄마에게 의존해 면역력을 길러왔다면 이 시기부터는 밥을 먹으면서 스스로 면역성을 길러야 한다. 이것이 바로 아기가 생후 6개월쯤 되면 본격적으로 이유식을 시작해야 하는 이유이다.

하지만 젖이 잘 돌지 않아 엄마가 원하는 대로 모유 수유를 하지 못하는 경우도 있다. 젖이 잘 돌지 않는 이유에는 영양학적·심리적 원인을 비롯해 밝혀지지 않은 다양한 이유들이 있다. 엄마가 아기를 낳으면 당연히 모체에서는 아기를 키우기 위해 젖이 분비되어야 한다. 젖이 잘 돌지 않는 것을 단순히 젖양이 적은 유전적 원인 정도로만 생각하면 안 된다.

엽산과 같은 영양소가 결핍되면 기형아가 태어난다는 보고도 있지만 모체의 경우 엽산의 결핍은 유선의 발달을 방해한다. 단백질 섭취 과잉으로 대사 영양소가 부족하거나 통곡식과 채식 위주의 식단을 통해 미량 영양소들을 충분히 섭취하지 않으면 엽산은 쉽게 결핍된다. 서양에서는 모든 임신부들에게 엽산 3mg을

처방하고 있을 정도로 산모들에게 엽산은 중요하다.

또한 엄마나 여성으로서의 삶을 거부할 때도 유즙분비호르몬에 문제가 생길 수 있다. 엄마가 되는 게 부담이 되어 아기를 거부하거나 젖을 먹이는 일이 낯설고 번거롭다고 느끼는 등의 심리적 부담감만으로도 젖은 쉽게 말라버린다. 내 아기를 내 손으로 키우고 싶다는 생각이 없을 때도 젖이 충분히 안 나올 수 있다.

엄마들의 영양학적·심리적 원인은 아기들의 모유 수유를 방해하는 가장 큰 원인이다. 이런 이유로 모유 수유를 못해 분유를 먹이게 되면 이유식에 실패할 가능성도 높아진다. 이유기를 잘못 보내면 성장 후 편식으로 이어질 가능성이 높아지고 편식은 영양 불균형을 불러 각종 질병을 앓게 될 확률도 높아진다. 모유 수유가 아기의 면역력을 높여주고 이유식 성공의 밑거름이 되는 것이다.

어쩔 수 없이 분유를 먹였다면 이유기를 앞당겨라

● 　요즘 엄마들은 아기가 변을 어른처럼 하루에 한 번씩 되게 보면 좋은 것으로 알고 있다. 또한 어른들의 변과 비교해서 묽거나 횟수가 많아지면 장염을 의심하고 바로 병원으로 달려간다. 모유에는 수분 함량이 많고 묽으며 칼슘과 단백질의 함량은 적다. 따라서 모유가 위에서 머무르는 시간은 짧고 수분이 다시 흡수되지 않은 상태에서 장으로 내려가기 때문에 변이 묽고 횟수도 많아진다.

모유는 장내 유익한 세균의 증식을 도와 장내 환경이 산성이 되면 담즙 색소인 빌리루빈이 황색을 띠게 되어 황금색 변을 보게 된다. 이에 반해 분유에는 단백질과 칼슘의 양이 많아 위에 머무르는 시간도 길고 수분의 함량도 적어지기 때문에 딱딱한 변을 하루에 한 번 정도씩 보게 된다. 뿐만 아니라 분유는 장내 생태계를 알칼리성으로 바꿔 담즙 색소는 녹색을 띤다. 그래서 분유를 먹는 아기들은 푸르스름한 변을 되직하게 하루에 한 번 정도 보게 된다. 이것은 장내 생태계가 나빠져서 유해균이 증식할 수 있다는 것을 의미한다.

유산균처럼 좋은 균이 증식할 때 장은 건강해진다. 하지만 분유의 단백질과 칼슘은 오히려 장내에서 대장균, 웰치균과 같은 나쁜 균의 증식을 돕는다. 만약 유당이 분해되지 않는다면 유당 불내증을 앓아 설사와 복통 증상을 자주 앓게 되고, 분유의 설탕이 그대로 장으로 흘러가면 장내 나쁜 효모들이 자라게 된다.

따라서 모유 수유를 못하고 분유를 먹였다면 이유식을 조금 빨리 시작하는 것이 좋다. 빨리 시작한 이유식이 아토피나 각종 알레르기의 원인이 될 수 있다고 하지만 아기의 튼튼한 장을 위해 이유식을 조금 앞당기는 것이 아기한테는 훨씬 좋다. 하지만 이유기를 일찍 시작할 때는 주의해야 할 사항이 있다. 우유나 마시는 요구르트, 떠먹는 요구르트를 비롯해서 유제품은 절대 먹이지 않는 것이 좋다. 발효 식품의 이점보다 우유의 칼슘과 단백질이 장내 생태계를 바꾸어 발육과 성장을 방해할 가능성이 더 높기 때문이다.

이유기는 아기가 건강하게 자랄 수 있는 최초의 기회

●   만약 내 아기가 약하게 태어났다면 어떻게 해야 할까? 엄마가 아기의 몸과

아기의 음식에 대해 잘 모르고 상술로 얼룩진 영양 상식들에 의존해 아기의 먹을거리를 정한다면, 또 어떤 것들은 꼭 먹어야 한다는 당위성만을 가지고 먹인다면, 과연 아기가 건강하게 자랄 수 있을까?

아기들은 태어날 때 모두 똑같이 태어나지도, 성인처럼 완벽한 모습으로 태어나지도 않는다. 아기들의 뇌는 20% 정도만 형성되어 있고 키는 보통 50cm로 태어나 어른이 될 때까지 3배 이상 성장하고 몸은 20배 정도가 증가한다. 이처럼 미성숙한 모습으로 태어난 아기들은 환경에 적응하면서 자신의 성장과 발육의 양, 속도를 조절해나간다. 내 아기가 약하게 태어났다면 이제 다시 시작하면 된다.

아기들이 어떤 습관을 가지고 성장하느냐는 중요한 문제다. 어떤 식습관을 갖느냐는 것은 무엇을 먹이느냐 못지않게 중요하다. 좋은 식습관은 육체적 성장과 지적·정서적 발육에 관여하고 어른이 되면 건강의 질적 수준을 결정한다. 이 모든 것을 결정하는 시기이자 올바른 식습관을 형성해서 평생 건강의 밑천과 성품을 다지는 시간! 그 시간이 바로 이유기다.

엄마의 절대적 사랑과 관심 속에서 아기는 이유식을 씹고 삼키고 맛보는 훈련을 경험한다. 이런 훈련의 시간을 통해 아기의 지각은 발달하고 세상에 대한 호기심과 삶에 대한 동력을 부여한다. 만약 지금까지의 이유식이 잘못 되었거나 아기가 약하다면 지금부터 다시 시작하는 마음으로 이유기를 개선해나가면 된다.

한 가지씩 다시 시작하다 보면 편식이 개선되고 아기들이 바른 식습관을 가질 수 있게 된다. 그런 의미에서 이유기는 아기가 건강하게 자랄 수 있는 최초의 기회이자 희망의 시작이다.

53

10일 안에 모유 수유 성공하는 방법

1 출산 후 가능하면 빨리 아기에게 젖을 물린다

출산 후 아기에게 젖을 물리면 아기는 본능적으로 젖을 찾아 물고 빨기 시작한다. 이때 아기의 젖을 빠는 힘이 매우 강해서 유선을 자극하는데 도움이 된다.

2 3~4시간 간격으로 30분씩 양쪽 젖을 번갈아가며 물린다

출산 하자마자 젖을 물려 한 번에 한 쪽씩 30분간 물리고 3~4시간 뒤에 다시 다른 한 쪽에 30분간 물린다. 아직 젖이 많이 돌지는 않지만 그래도 여러 가지 항체가 들어 있는 초유는 이미 나오기 시작한다.

3 분유병을 빨게 하면 안된다

일반적으로 출산 후 3일은 젖이 나오지 않는다. 3일째 밤부터는 젖이 부풀어오르기 시작한다. 3일 동안 아무것도 못 먹고 잠만 자거나 울고 보채는 아기를 보면 엄마의 마음이 흔들려 아기에게 분유병이라도 물리고 싶어 하지만 아기는 생후 일주일간 필요한 영양분을 엄마 뱃속에서 가지고 태어난다.

4 잘먹고 잘쉬게 한다

젖이 충분히 나오게 하기 위해 엄마는 균형잡힌 식사와 함께 매일 500kcal를 추가로 섭취해야 한다. 그리고 미역국도 충분히 먹고 하루 여덟 잔 이상의 수분을 섭취하도록 한다.

5 아기가 원할 땐 자주 물려도 괜찮다.

신생아는 최소한 2시간에 한 번 이상 젖을 먹이는 것이 좋다. 자주 물릴수록 엄마젖도 더 많이 분비된다. 엄마 젖은 우유에 비해 소화가 빨리 되므로 우유를 먹는 아기에 비해 더 자주 먹여야 한다. 아기가 커감에 따라 수유 시간은 규칙적으로 조절할 수 있다.

6 바른 자세로 수유한다

가능한 아기의 입을 크게 벌리게 하고 엄마의 유두를 아기 입속 깊숙이 넣어야 유두에 통증을 느끼지 않는다. 올바른 자세를 배우는 것이 가장 우선 돼야 할 모유 수유 방법이다.

7 모유 외에는 주지 않는다

모유를 먹는 아기는 별도의 당분이나 수분을 필요로 하지 않는다. 오히려 아기의 식욕을 떨어뜨릴 뿐이다.

모유 먹는 아기의 젖떼기 방법

1 아기와 함께 놀아준다

이유식과 모유를 다 잘 먹는 경우에는 차츰 이유식의 양을 늘리고 수유 횟수를 줄이도록 한다. 배가 부르면 젖을 찾지 않게 된다. 밤에도 책을 읽어준다던가 함께 놀아주면 젖에 대한 생각을 잊는 데 도움이 된다.

2 자다가 젖을 찾을 때는 보리차를 준다

밤에 자다가 젖을 찾을 경우에는 보리차를 대신 준다. 만약 울음을 멈추지 않고 배고픈 기색이 있다면 젖을 준다. 아기가 운다고 습관적으로 젖을 물리면 젖떼기는 더욱 힘들어진다. 아기의 상태를 보고 만약 배가 부른 상태라면 공갈 젖꼭지를 물려주거나 잠시 울게 내버려 둔다.

3 젖에 약이나 쓴 것을 바르는 방법은 역효과를 낼 수 있다

흔히 젖을 뗄 때는 엄마들은 젖에 빨간 약을 바르거나 쓴 것을 바르기도 하는데 이런 방법은 오히려 역효과를 낼 수 있다. 아기가 정신적 충격을 받을 수 있기 때문이다. 효과는 금방 나타날지 모르지만 엄마에 대한 신뢰를 떨어뜨릴 수 있는 방법이기 때문에 주의해야 한다.

4 잦은 스킨십으로 아기의 불안감을 해소한다

아기들이 단순히 배가 고파서 엄마 젖을 찾는 게 아니다. 바로 엄마의 체온을 느끼며 안정을 찾을 수 있기 때문이다. 따라서 젖을 뗄 때는 더 자주 안아주고 더 많은 스킨십을 통해 아기의 불안감을 해소하는 것이 우선이다.

5 젖양을 줄이고 이유식양이 늘 때까지 여유를 갖고 기다린다

이유식이 주된 식사여야 하는데 젖에 더 의존하고 있는 경우에는 젖의 양을 어느 정도 줄여 일정하게 한다. 젖을 계속해서 배불리 먹으면 이유식의 양이 줄어들 수밖에 없기 때문이다. 시간이 걸리겠지만 젖양을 줄이고 이유식양이 늘 때까지 여유를 가지고 기다리는 것이 좋다.

잘못된 이유식 지식이
병을 부른다

빵, 과자의 단순 당분이 아기의 체력과 정신력을 떨어뜨린다

"복합 당분을 먹지 않는 아기들은 치아의 발달이 늦어지고 편식을 한다. 영양의 소화, 흡수, 대사, 배설에 문제가 생겨 면역력, 체력, 지적능력 모두가 떨어지게 된다. 아기들의 신체 장기는 아직 미숙하므로 도정하지 않은 자연 상태의 식품에 들어 있는 복합 당분을 섭취해야 한다."

● 갓 태어난 아기들은 이유기를 마칠 때까지 모유나 분유에 들어 있는 유당을 분해해서 혈당을 유지한다. 유당은 유당 분해 효소에 의해서 포도당과 갈락토

오스로 분해되는데, 유당 분해 효소는 이유기까지는 아기들의 몸 안에서 분비되다가 차츰 퇴화하기 시작한다. 이것은 더이상 유당을 통해 당분을 섭취하지 말라는 뜻이다. 그렇다면 이유기에는 유당을 분해하는 효소가 퇴화하므로 다른 당분들을 통해 혈당을 보충하는 훈련을 해야 하는 시기라는 뜻이다.

대체로 자연 식품에 들어 있는 당분에는 사람의 소화 효소로 분해할 수 있는 전분질과 사람의 소화 효소로 분해할 수 없는 섬유질이 들어 있다. 전분질은 설탕이나 유당과 같은 단순 당분과는 달리 여러 개의 단순 당분들이 결합되어 있으므로 소화되는 데 시간이 많이 걸리고 섬유질과 함께 있을 때 더 천천히 흡수된다. 섬유질은 자연 식품의 성분 중 필요 없는 한 성분이 아니라, 사람의 소화 효소로 분해할 수 없기 때문에 당분의 흡수 속도를 내 몸이 처리할 수 있게 조절하는 천연의 제동 장치인 셈이다.

영양학적 가치의 측면에서 섬유질은 지금까지 모든 음식에서 없어져도 될 만큼 소홀하게 다루어져 왔다. 하지만 섬유질이 없는 음식은 자연식품이라고 말할 수 없으며, 현대인을 괴롭히는 질병의 가장 큰 원인을 섬유질의 결핍으로 꼽아도 지나치지 않을 정도다. 식품을 도정하고 가공하는 과정 중에 비타민, 미네랄과 같은 미량 영양소들 뿐만 아니라 섬유질도 함께 제거되기 때문이다.

대부분의 엄마들은 아기가 치아가 없기 때문에 음식을 최대한 곱게 갈아 먹이고 부드러운 것만을 주려고 하지만, 아기들의 건강한 치아 형성을 위해서는 씹을 수 있는 음식을 주는 것이 좋다. 따라서 유동식이 아닌 덩어리진 음식, 즉 고형식을 주어야 한다.

우리가 알고 있는 가공식품에 달콤한 맛을 내는 천연 감미료들이 적당량만

들어 있으면 어떤 음식도 문제가 되지는 않는다. 달콤한 맛을 즐기는 행복 또한 크다. 하지만 이런 가공 과정을 거쳐 얻어지는 단순 당분들이 감미료의 수준이 아니라 거의 음식의 주재료로 들어갔을 때는 문제가 된다. 빵과 요구르트, 가당 우유, 각종 스낵과 과자들에는 보이지 않는 설탕이 10~40%까지 들어 있다. 아기들에게 단순 당분이 많이 들어 있는 식품들을 주면 치아와 뼈만 약해지는 것이 아니라 직접적으로 내분비계통에 영향을 주어 저혈당증, 우울증, 당뇨, 비만과 같은 만성병과 정신신체 질환을 일으킬 수 있는 가능성도 높아진다. 성장이라고 하는 것은 뇌나 키와 덩치 같은 외형적인 것들만 의미하는 게 아니라 신체 내부 장기의 성장 또한 포함하고 있다.

신체 내부 장기가 제대로 성장하는 것은 건강하게 살아가는 데 가장 중요한 열쇠다. 성장기의 잘못된 식생활은 신체 내부 장기들이 제 기능을 하지 못하게 만들고 체질적으로 약한 아이를 만든다.

아기들이 단순 당분에 의존해서 혈당을 보충하려고 하면 빨리 포만감이 오기 때문에 입이 짧은 아기가 되어 편식이 심해진다. 또한 혈당이 자꾸 떨어지기 때문에 점점 더 폭식을 하게 되어 비만아가 되기도 한다. 반대로 떨어지는 혈당이 회복되지 않으면 공복을 전혀 참지 못하는 아기가 된다. 혈당이 떨어졌을 때 가장 먼저 손상을 받는 조직은 뇌와 신경 조직이다. 아기들은 배가 고프면 신경질과 짜증이 나고, 뇌 기능이 손상되면 과잉 행동 장애나 학습 장애, 자폐 증상이나 우울증 등을 심하게 앓게 된다.

sugar

59

아기들의 신체 내부 장기는 아직 완벽하지 않기 때문에 저장 조직도 미숙하고 저장 조직 안에 저장되어 있는 것을 꺼내 쓰는 능력도 미숙하다. 아기들의 몸 속에서 복합 당분이 천천히 소화 흡수되어 혈당이 일정하게 유지되지 않는다면, 뇌의 혈당 부족은 바로 뇌 기능의 저하를 시작으로 전체적인 신체 기능의 저하, 육체적, 정신적 발달 저하로 나타난다. 그러므로 아기들에게 복합 당분을 섭취하게 해서 신체 장기를 단련시키는 것이 중요하다.

우유, 계란 등 단백질 과잉 섭취가 알레르기와 각종 질환을 일으킨다

"아기들의 위장능력은 미숙해서 단백질을 완전 분해해서 이용할 수 없다. 또한 아기들의 장은 아직 미성숙하기 때문에 덜 분해된 단백질이나 불필요한 이물질들도 흡수한다. 따라서 나쁜 음식이 어른들보다 아기들에게 더 치명적인 피해를 주는 것이다."

● 대부분의 엄마들은 아기들에게 가장 중요한 영양소로 단백질을 꼽는다. 단백질이 아기들을 크게 하고 힘을 내게 해주기 때문이다. 하지만 아기들은 단백질을 분해하는 위장의 기능이 아직 미숙해서 단백질을 완전하게 분해할 만큼 위산과 단백질 분해 효소들을 충분히 분비하지 못한다.

임신 기간 동안 닭고기, 오리고기 등을 멀리하라는 미신부터 5세 이하의 어린이에게 고기를 주지 말라는 등의 이야기가 모두 근거가 있는 것이다. 이유기 동안 계란 흰자를 주지 않는 것도 의미가 있다. 아기들이 우유, 계란, 밀가루에 어른들보다 훨씬 높은 알레르기 반응을 보이는 것 또한 아기들의 위장관의 소화능력과 밀접한 관련이 있다. 갓 태어난 아기들의 태열은 백일이 지나거나, 늦어도 걷기 시작하면서 발에 흙 묻히는 시기가 되면 없어지는 것으로 알려져 있었다. 하지만 요즘 아기들은 돌이 지나 초등학교에 진학을 하고, 어른이 되어도 아토피성 피부염으로 고생하고 있다.

우유의 카제인 단백질, 계란의 알부민 단백질, 밀가루의 글루텐 단백질과 같은 거대 단백질은 아기들의 위장이 분해하기에는 너무 크다. 단백질은 완전 분해 상태인 아미노산 형태로 흡수되어야 한다. 하지만 덜 분해된 단백질 형태인 펩타이드가 몸 안으로 들어오면 몸은 이물질로 인식하고 면역기능을 자극하여 알레르기를 일으키는 원인이 된다.

요즘 아기들은 옛날보다 너무 많은 단백질을 섭취하고 있을 뿐만 아니라 섭취 시기도 빠르다. 아기들이 너무 일찍 고기와 생선에 맛을 들이는 것이다. 단백질이 완전 분해되지 않은 채로 흡수되면 몸은 그것을 이물질의 침입으로 인식하여 항체를 만들고 면역 체계를 뒤흔들어 놓는다.

물론 몸 안에서 덜 분해된 단백질이 모두 흡수되지는 않는다. 사실 입으로 먹는다고 해서 다 먹는 것은 아니다. 음식은 장에서 흡수되어야 음식을 비로소 먹었다고 할 수 있다. 하지만 아기들은 장벽은 아직 미성숙하기 때문에 덜 분해된 단백질이나 불필요한 이물질들도 통과할 수가 있다. 그래서 아기들은 어른들보다 나쁜 음식에 대해 훨씬 더 많은 피해를 입게 된다.

아기가 성장하면서 위장의 소화 기능이 좋아지거나 장의 점막이 튼튼해지

면서 앓던 알레르기 증상들이 좋아지는 것도 모두 이러한 이유와 관련되어 있다. 그렇기 때문에 엄마는 아기들의 신체 장기가 튼튼해질 때까지 기다려줄 필요가 있다. 고기와 우유가 아기를 쑥쑥 크게 한다는 잘못된 생각을 버리면 아기들은 야무지고 튼튼하게 자랄 수 있다.

단백질 과잉은 알레르기 질환을 일으킬 뿐만 아니라 육류 단백질에 많이 들어 있는 인이나 황과 같은 산성 미네랄들이 혈액을 산성화해 뼈의 칼슘을 빼앗아간다. 혈액이 산성화되면 뼈에서 칼슘이 빠져 나와 골다공증의 위험도 높아지지만 어른들에게는 혈관이 굳어지고 암이 발생할 수 있는 확률도 높아진다. 또한 만성적으로 피로를 느끼고 집중력이 떨어진다. 잦은 감기와 체력 저하, 기억력, 집중력, 학습능력이 떨어지는 것 모두 음식과 밀접하게 관련되어 있다.

식용유, 마가린 같은 가공 기름이 아기의 뇌 발달과 신체적 성장을 방해한다

"포화지방과 변질된 식물성 기름은 몸에도 안 좋지만 뇌세포 신경 전달망을 위축시켜 아기들의 지적 기능 또한 떨어뜨린다. 뇌는 자극과 훈련, 운동, 교육적 환경과 밀접한 관련을 가지고 성장하지만 가장 중요한 것은 바로 영양학적 조건이다. 그리고 그 가운데 더 중요한 문제 중의 하나가 바로 어떤 지방을 먹이느냐 하는 것이다."

아기들의 뇌세포 신경망은 아주 성글다. 아기들은 영양과 훈련을 통해 특정 뇌신경 세포망은 강화되고, 또 다른 뇌신경 세포망은 퇴화하는 과정을 밟는다. 발달한 뇌신경 세포망은 아기가 어떤 분야에서 능력을 발휘할 수 있는지 알게 해준다.

부모들은 영양학적 원인보다는 지속적인 자극과 훈련에 의해 두뇌 개발이 이루어진다고 생각한다. 하지만 두뇌 자극이 충분하게 일어났는데도 그 자극을 받아들일 수 있는 뇌 환경이 만들어지지 않는다면 그것은 비효율적인 투자가 된다.

뇌 세포막은 오메가-3라고 하는 필수 지방산으로 둘러싸여 있다. 뇌세포는 세포 자체에서는 전기적으로 메시지를 전달하고 뇌세포와 뇌세포 사이에서는 신경 전달물질을 통해 화학적으로 메시지를 전달하게 된다. 결국 뇌세포 막에 오메가-3가 결핍되어 있다는 것은 전깃줄의 피복이 벗겨져 있는 것과 비교할 수 있다. 오메가-3 결핍은 전기적 전달이 원활히 이루어지지 않아 정상적인 두뇌 활동에 차질이 생길 수 있음을 의미하기 때문이다.

뿐만 아니라 오메가-3는 시냅스라고 하는 뇌세포 말단의 신경 전달 주머니를 만드는 재료이기도 하다. 오메가-3를 먹으면 머리가 좋아진다는 것은 뇌신경 전달 물질을 많이 만들어 두뇌 활동이 원활해지는 것이 아니라, 신경 전달 물질을 저장하는 집을 많이 지어 뇌 기능을 활성화할 준비를 하고 있다고 봐야 한다. 그 집을 시냅스라고 하는데 그것은 오메가-3에 의해 만들어진다.

요즘 아기들에게 오메가-3가 결핍되는 가장 큰 이유는 가공 식용유에 튀긴 음식과 마가린, 버터, 치즈와 같은 가공 기름들을 많이 섭취하기 때문이다. 인류는 오메가-3와 오메가-6 지방산을 1:1로 섭취해왔지만 산업 혁명 이후 식품의 가공 정제 기술이 발달하면서 오메가-6 지방산을 오메가-3 지방산에 비해 수십 배는 더 섭취하고 있다.

지방산의 섭취 비율이 깨진 가장 큰 이유 중 하나는 정제한 식품들을 통해 미량 영양소가 결핍되어 미각이 마비되었기 때문이다. 사람들은 이제 느끼한 맛, 기름진 맛을 자연적으로 조절할 수 없게 되었다. 기름에 튀긴 음식은 먹으면 먹을수록 더욱 자주 찾게 된다. 아기들이 기름진 음식에 탐닉하는 가장 큰 이유는 본능과 같다. 지방을 저장해두었다가 비상 시에 대비해야 한다고 판단했기 때문이다.

엄마들은 아기들이 잘 먹고 요리하기 편하기 때문에 기름에 볶거나 튀긴 요리들을 자주 한다. 물론 요리한 다음에 폼도 나고 가족들도 모두 좋아한다. 덕분에 아기들은 고구마를 쪄 먹기보다는 튀겨서 맛탕을 해먹고 만두도 찐 만두보다는 군만두로, 떡볶이도 떡꼬치로, 닭도 삼계탕보다는 닭꼬치를 즐겨 먹는다. 어른들의 욕심으로 가공 식용유를 만들었고, 어른들의 편리를 위해 아기들은 더 많이 기름진 음식들을 먹게 된 셈이다.

아기들에게는 정제한 기름을 사용한 음식이나 마가린, 버터, 치즈를 이용한 음식, 빵, 피자, 스파게티, 각종 튀김 요리들은 절대로 주어서는 안 된다. 아기들은 이런 음식들을 통해 오메가-3 지방산의 섭취를 방해하는 오메가-6 지방산을 너무 많이 섭취하게 된다. 또한 뇌를 염증 상태에 빠지게 하는 트랜스형 지방산에도 쉽게 노출될 수 있다. 몸은 꼭 필요한 필수 지방산들이 결핍되면 기름진 음식에 더욱 중독된다. 중독은 또 다른 영양소의 결핍을 나타나게 하는 악순환일 뿐이다.

비타민, 미네랄 결핍이 에너지를 잃게 한다

"비타민과 미네랄이 결핍되면 모든 생화학 반응 속도가 느려진다. 비타민과 미네랄은 생명의 치유와 회복, 삶의 활력을 결정하는 중요한 요소이다."

● 당분과 단백질, 지방이 에너지를 만드는 데 필요한 '타는 영양소'라면 비타민과 미네랄은 '태워주는 영양소'다. 비타민과 미네랄이 없다면 에너지원이 에너지로 전환되지 않아 힘을 낼 수 없고 신체의 기능을 정상적으로 유지할 수도 없다. 뿐만 아니라 미네랄은 비타민을 활성화시키는데도 관여하고, 체액을 약알칼리성으로 유지하여 생화학 반응 속도를 조절한다. 미네랄의 역할 중 뼈나 치아의 성분과 효소의 성분으로 작용하는 것 못지않게 체액을 알칼리성으로 유지하는 것도 중요하다.

체액이 지나치게 산성화되거나 알칼리화되는 일은 쉽지 않다. 몸 안에는 신체의 생화학적 조건을 항상 일정하게 유지하려고 하는 생체 항상성 장치가 있기 때문이다. 하지만 이 기능만을 믿고 혈액이 산성화되는 음식을 즐기다 보면 언젠가는 이 기능조차도 제 역할을 할 수 없게 된다. 혈액이 산성화되면 아기들은 감기를 달고 살게 되고 늘 피곤을 느낀다.

요즘 아기들에게 만성적으로 비타민과 미네랄이 결핍되는 가장 큰 이유는 무엇일까? 그것은 도정률이 높은 곡식과 가공도가 높은 음식을 먹고, 채소나 과일은 잘 먹지 않기 때문이다. 화학 농법으로 재배한 농산물들은 유기적으로 재배한 농산물에 비해 수 배에서 수십 배에 이르는 영양소 함량의 차이가 난다. 이조차도 가공 과정 중에 모두 제거되어 텅 비어버린, 칼로리 영양소만 섭취하게 된다.

아기들의 호흡기가 건조해지면서 감기를 달고 살 때는 비타민A와 아연 결핍을 의심할 수 있다. 아기들이 배가 아프거나 통증을 심하게 느낄 때는 마그네슘과 저혈당증에 의한 증상으로 크롬 결핍을 생각할 수 있다. 채소를 안 먹는 아기들은 마그네슘과 칼륨 결핍이 되어 대사 속도가 느려지고 면역력이 떨어진다.

아기들이 자다가 쥐가 나는 것도, 배가 아파 우는 것도, 밤에 잠을 자지 않고 보채는 것도 마그네슘을 비롯한 미네랄 결핍과 관련이 있다. 아이들이 집중력이 떨어지고 산만해지는 경향이 있거나 두뇌 활동이 떨어지는 것은 칼슘 결핍과 관련이 있다. 코피를 자주 흘리거나 멍이 잘 드는 아기들은 비타민C 결핍과 구리 결핍을 의심할 수 있다. 또한 섬유질 결핍과 비타민K가 부족하면 지혈이 되지 않는다. 의학적으로는 설명할 수 없지만 영양학적으로는 장내 유산균에 의해 비타민K가 합성되지 않으면 출혈이 자주 일어나거나 멈추지 않을 수 있다.

비타민은 일차적으로 곡식의 씨눈, 채소와 과일, 해조류를 통해서 섭취되지만 장내 유산균에 의해 합성되기도 한다. 머리카락을 튼튼하게 해주는 비오틴, 파바와 같은 비타민들은 장내에서 합성된다. 갓 태어난 아기들은 돌 전후까지 장내 세균총들이 정상적으로 자리를 잡고 있지 않기 때문에 돌까지는 장내에서 유익한 세균들이 살 수 있도록 환경을 만들어주는 일이 무엇보다 중요하다. 갓난 아기들이 머리카락이 가늘고 푸석푸석하다가 장이 건강해지면서 머리카락도 굵어지고 튼튼해지는데 이 역시 장내 환경과 밀접한 관련이 있다.

식품 첨가물이 아기의 성장을 방해한다

"아기의 몸에 생명 활동과 관련이 없는 화학 물질들이 돌아다니는 것만큼 위험한 것도 없다. 아기들은 성장하면서 많은 영양소를 필요로 한다. 하지만 화학 첨가물들은 아기를 지치게 한다. 영양소가 파괴되고 신체의 기능이 떨어져 발육과 성장은 뒤로 밀린다."

● 아기들의 신체 장기는 아직 덜 자랐기 때문에 그 기능을 유지하는 수준 또한 미숙하다. 그러므로 화학 물질에 의한 피해는 어른들보다 아기들이 훨씬 크다. 하지만 아기들도 모든 생명의 법칙을 따른다. 화학 물질의 위협을 받게 되면 몸 안의 화학 물질을 처리하기 위해 몸이 먼저 반응한다. 이때 몸은 화학 물질에 대처하는 것을 면역기능, 발육, 성장보다도 우선으로 인식한다. 이렇듯 화학 물질이 포함된 식품 첨가물은 아기들의 성장에 큰 적이다. 따라서 식품 첨가물이 들어간 인스턴트식품을 먹고 자란 아기들과 자연의 음식을 먹고 자란 아기들은 성장하면서 더욱 큰 차이를 보인다. 면역과 성장기능보다 화학물질에 대처하는 기능이 먼저 발달하기 때문에 감기에 더 많이 노출되고 병치레를 많이 하게 된다. 자연스럽게 성장도 더디게 진행될 수밖에 없다.

생명 활동에 필요 없는 화학 물질들은 일차적으로 혀가 좋아하지 않는다. 혀의 미각 세포들은 몸 안에 필요한 영양소들을 섭취할 수 있도록 맛을 느끼는 장치이기도 하지만, 몸에 유해한 물질을 감지하는 경비원 역할도 한다. 몸에 나쁜 기름을 섭취하면 혀가 아프고 마비가 오기도 한다. 화학 조미료나 색소, 방부제가 들어 있는 음식을 먹으면 속이 울렁거리고 두통이 생기거나 가슴이 두근거리는 것

67

처럼 생명 현상을 이어가는 데 필요 없는 물질들이 몸 안으로 들어오면 아주 자연스럽게 입에서부터 거부해야 한다.

아기들이 특정 음식에, 그것도 몸에 나쁜 음식에 탐닉하는 것은 혀의 미각 신경이 마비되었을 뿐만 아니라 몸 안의 조절 장치에 심각한 문제가 생겼음을 의미한다. 아기들의 혀가 자연적인 미각을 형성하는 것은 자기 몸을 지킬 수 있는 최전선의 방어벽을 잘 세우는 일과 같다.

혀가 구분하고 차단하지 못한 화학 물질들은 장에서 흡수되어 모두 간으로 이동한다. 간은 물질을 합성하고 해독하는 신체의 중요한 기관으로 화학 물질들을 많이 섭취하면 간 기능이 떨어지고 간의 해독 과정에서 비타민, 미네랄을 포함한 다른 영양소들이 소모된다. 따라서 간이 제 기능을 충분히 할 수 없게 된다.

간에서 제거하지 못한 화학 물질들은 혈액으로 방출되고 혈액을 타고 돌아다니는 화학 물질들은 탐식세포와 같은 면역세포에 의해서 제거된다. 세균과 바이러스를 잡기 위해 순찰을 돌고 있는 면역세포들이 화학 물질들을 제거한다는 것은 그만큼 면역세포가 제 역할을 못한다는 뜻이다.

또 면역세포가 제거하지 못한 화학 물질들은 직접적으로 특정 신체 부위의 세포를 공격해서 파괴한다. 그 대표적인 것이 전두엽의 손상을 일으켜 과잉 행동 장애를 일으키는 것으로 알려진 황색 4호 색소이다. 서양에서는 사용이 금지된 황색 4호는 우리나라의 경우 아기들이 먹는 과자와 사탕, 아이스크림, 우유와 각종 유제품에 폭넓게 사용하고 있다.

아기들이 조그만 손에 꼭 쥐고 잇몸으로 부수어 먹는 새우깡, 부드러워서 갓난아기가 먹어도 괜찮을 것 같은 계란 과자, 입에서 사르르 녹아 위에도 부담이

없을 것 같은 카스텔라, 발효식이라 소화도 잘 될 것 같고 영양도 높을 것 같아 떠먹이는 플레인 요구르트. 부모들은 지금 아기들에게 무엇을 주고 있는 것인가? 엄마들은 지금 새우의 영양도, 계란의 영양도, 우유의 영양도 아닌 알레르기를 일으키는 밀가루와 화학 첨가물들, 아기의 체질을 바꾸어 놓을 가공 기름들과 온 몸을 뒤흔드는 설탕 덩어리를 주고 있는 것이다. 잊지 말자. 식품 첨가물이 가득한 먹을거리들은 아기의 성장을 방해하는 가장 위험한 존재다.

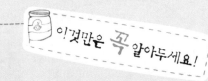
이것만은 꼭 알아두세요!

1 빵, 과자의 단순 당분이 아기의 체력과 정신력을 떨어뜨린다

빵과 요구르트, 가당 우유, 각종 스낵과 과자들에는 보이지 않는 설탕이 10~40%까지 들어 있다. 단순 당분이 많이 들어 있는 식품들을 주면 치아와 뼈만 약해지는 것이 아니라 직접적으로 내분비에 문제가 생기며 저혈당증, 우울증, 당뇨, 비만과 같은 만성병과 정신신체 질환을 일으킬 수 있는 가능성도 높아진다.

2 단백질 식품의 과잉이 알레르기와 각종 질환을 일으킨다

우유의 카제인 단백질, 계란의 알부민 단백질, 밀가루의 글루텐 단백질은 거대 단백질로 아기들의 위장이 분해하기에는 너무 크다. 단백질은 완전 분해된 상태인 아미노산 형태로 흡수되어야 한다. 하지만 덜 분해된 단백질 형태인 펩타이드가 몸 안으로 들어오면 면역기능을 자극하여 알레르기를 일으키는 원인이 된다.

3 식용유 마가린 치즈 등 가공 기름이 아기들의 뇌 발달과 신체적 성장을 방해한다

마가린, 버터, 치즈를 이용한 음식, 빵, 피자, 스파게티, 각종 튀김 요리는 오메가-3 지방산의 섭취는 방해하고 오메가-6 지방산은 너무 많이 섭취하게 한다. 필수 지방산이 결핍되면 기름진 음식에 더욱 중독된다. 중독은 또 다른 영양소의 결핍을 나타나게 하는 악순환일 뿐이다.

4 비타민, 미네랄 결핍은 에너지를 잃게 한다

당분과 단백질, 지방이 에너지를 만드는 데 필요한 '타는 영양소'라면 비타민과 미네랄은 '태워주는 영양소'이다. 비타민과 미네랄이 없다면 에너지원이 에너지로 전환되지 않아 힘을 낼 수도 없고 신체의 기능을 정상적으로 유지할 수도 없다.

5 식품 첨가물이 아기들의 성장을 방해한다

식품 첨가물이 들어간 인스턴트식품을 먹고 자란 아기들과 자연의 음식을 먹고 자란 아기들은 성장하면서 더욱 큰 차이를 보이게 된다. 인스턴트식품을 먹고 자란 아기들은 면역과 성장기능보다 화학물질을 처리하는 기능이 우선적으로 작동하기 때문에 감기에 더 많이 노출되고 병치레를 더 많이 하게 된다. 그렇게 되면 자연히 더디게 성장할 수밖에 없다.

엄마들이 잘못 알고 있는 이유식 상식 Q&A

Q 돌이 된 아기에게 사탕이나 초콜릿을 먹여도 되나요?

A 12개월 이후의 식습관은 평생 간다. 이때 단 음식에 입맛을 들이지 않게 하는 것이 중요하다. 가능하면 과자나 단 것을 아기에게 주지 않도록 한다. 초콜릿에는 당분 뿐만 아니라 카페인과 각종 식품 첨가물들이 들어 있다. 잘못된 식습관은 비만을 비롯해 수많은 질병을 가져온다.

Q 선식을 이유식으로 먹여도 될까요?

A 여러 가지 음식을 한꺼번에 섞어주면 안 된다. 아기가 어떤 음식에 알레르기를 일으키는지 알 수 없다. 선식 속에 들어 있는 땅콩, 콩, 깨, 호두, 잣 등은 알레르기를 유발하는 식품들도 많이 들어 있기 때문에 주의가 필요하다. 또한 고형식이 아니기 때문에 안 된다. 아기에게 씹는 훈련은 대단히 중요하다. 씹는 것은 두뇌발달에 아주 중요한 자극이며, 침의 분비를 촉진시켜 충치를 줄일 수 있다. 선식은 보리, 밀 같은 각종 곡류에 콩, 참깨 등을 첨가해서 만든 혼합곡분으로 단순가공식품이지 공인된 이유식이 아니다.

Q 아기가 이유식을 먹지 않는데, 그럼 젖이라도 먹여야 할까요?

A 마음 약한 엄마들이 가장 잘못 생각하고 있는 부분이다. 대부분의 아기들은 처음 이유식을 시작할 때 숟가락의 느낌이나 이유식의 맛을 낯설어하고 거부하게 된다. 이런 과정에서 엄마들은 아기가 일단 배를 채울 수 있게 젖이나 분유를 먹이는 것이 좋다고 생각한다. 이러한 행동은 며칠간 이유식의 시작 시기를 늦출 수는 있겠지만 결과적으로 이유식에는 도움이 안 된다. 이유식은 유동식에서 고형식으로 옮겨가는 과정임을 잊어서는 안 된다.

Q 이유식 책에서 아기의 월령에 맞춰 꼭 먹여야 한다는 음식들이 있는데 아기가 먹으려 하지 않아요.

A 다른 아기들이 잘 먹고 있는 이유식을 내 아기가 먹지 않는다고 해서 불안해할 필요는 없다. 그것은 다만 내 아기가 다른 아기와 좀 다른 것일 뿐이다. 아기들의 씹는 능력, 소화능력, 잘 배설하고 잘 놀고 잘 자는지를 확인해가면서 내 아기만의 이유식 스케줄에 따라 먹을 수 있는 음식의 종류를 차츰 늘리면 된다.

Q 아기가 월령에 맞는 양을 먹지 못하면 성장이 늦어지는 것이 아닐까요?

A 많은 엄마들이 아기 월령에 따라 반드시 일정한 양을 주어야 한다고 생각한다. 아기들이 어떤 신체적 · 정서적 상태에 놓여 있는지 고려하지 않은 원칙은 지킬 필요가 없다. 원칙은 내 아기의 특수성을 고려해 적용해야 한다. 보편적인 원칙에 혼란스러워 하지 말고 내 아이를 제대로, 멀리 보는 안목을 키우는 것이 중요하다.

Q 아기가 이유식을 하면서 계속 딴짓을 하는데 어떡하나요?

A 엄마들이 밥그릇을 들고 쫓아다니면서 먹이면 아기들은 먹고 싶은 음식만 먹으려고 한다. 편식은 극도의 영양 불균형을 일으키며 저성장이나 비만이라는 양 극단의 문제를 낳는다. 아기가 무언가에 집중하면서 정신없이 놀고 있다면 오히려 배가 고파질 때까지 기다리는 것도 필요하다. 엄마는 아기를 잘 관찰하고 있다가 적당한 때에 아기의 관심을 먹는 것으로 돌릴 수 있게 하는 현명함이 필요하다.

Q 아기가 자라는 속도가 늦어요. 영양제나 한약을 먹일까요?

A 엄마들은 늦었다는 생각이 들면 성급한 마음에 영양제를 사 먹일까, 허약한 아기에게 보약을 먹일까, 밥 안 먹는 아기에게 입맛 도는 약을 먹일까, 안 크는 아기에게 키 크는 한약을 먹일까 고민한다. 하지만 아기들은 영양제나 한약으로 크는 것이 아니다. 아기는 엄마의 정성 어린 사랑과 보살핌으로 큰다는 대원칙을 잊어서는 안 된다. 오히려 엄마의 불안감이 아기들에게 영양의 결핍보다 더 큰 심리적 문제를 일으킬 수 있다. 아기가 늦된다 싶더라도 부모는 여유를 가지고 기다려야 한다는 것을 기억해야 한다.

Q 콩을 먹이면 여성성이 강해지나요?

A 콩에 들어 있는 천연의 항산화 물질인 이소플라본이 여성 호르몬처럼 작용해서 아기들을 여성화시킬 수 있다는 보고 또한 실험실 안에서만이 가능한 이야기다. 천연의 식품들은 과잉증과 결핍증을 모두 해결하는 데 도움을 줄 수는 있지만 그렇다고 해서 그 자체가 수학적인 양으로 계산해서 약물처럼 부작용을 일으키지는 않는다. 콩 먹고 남자가 여성스러워지거나 여성이 더욱 여성스러워지는 일은 없다.

Q 현미는 아기가 소화를 못하지 않을까요?

A 엄마들은 아기가 위장이 약하고 이가 약해서 거친 현미를 소화시키지 못할 것이라고 생각하고 있다. 만약 현미를 소화시키지 못한다면 현미 껍질의 섬유질 때문인데 이것은 어른들도 마찬가지다. 하지만 그 섬유질이 오히려 위의 연동 운동을 자극해서 위장을 좋게 하고 장을 튼튼하게 해준다. 아기들의 이유식으로 사용하는 현미는 오래 불려 처음에는 갈아서 사용하기 때문에 소화에도 큰 지장이 없고 껍질의 섬유질도 섭취할 수 있다.

Q 현미는 알레르기를 일으킨다고 하는데 먹여도 될까요?

A 현미에는 히스티딘이라고 하는 영양소가 많은데 이 영양소가 알레르기를 일으키는 히스타민을 많이 만들어 알레르기 질환이 악화될 거라고 우려하는 사람들이 있다. 하지만 그것은 자연 식품의 영양소를 하나의 약물처럼 생각했기 때문에 가능한 발상이다. 히스타민이라고 하는 물질이 가려움이나 발진을 일으키는 것은 사실이지만 그것 또한 몸을 지키는 면역 성분 중 하나이다. 히스티딘이 많이 있다고 해서 무조건 히스타민이 많이 만들어지는 것이 아니라 필요에 의해서만 합성될 뿐이다. 몸속에 히스타민의 원료가 되는 히스티딘의 농도는 적당량 필요하다. 몸에 있다고 해서 모두가 히스타민을 만들어내는 것이 아니다.

Q 고기를 안먹이면 빈혈과 단백질 결핍이 생기지 않나요?

A 현대 영양학에서 얘기하고 있는 것처럼 단백질 요구량은 그렇게 많지 않다. 단백질은 재회수되어 사용되기도 하고, 다양한 식물성 식품들을 먹으면서도 보충된다. 오히려 단백질은 소화, 흡수하는 과정에서 많은 에너지를 낭비하고, 에너지로 전환되는 과정에서 지방보다 더 많은 활성산소와 노폐물을 만들어낸다. 또 고기의 철분은 흡수율이 좋은 것으로 알려져 있지만 실제로 철분 흡수율은 10%도 되지 않는다. 미네랄은 필요에 의해 흡수가 증가되기 때문에 자연 식품을 먹고 있는 한 쉽게 결핍되지 않는다. 따라서 평소 우리가 섭취하는 식품만으로도 이미 충분한 것으로 봐야 한다. 만약 빈혈이 있다면 철분이 흡수되는 위장에 문제가 있거나 헤모글로빈의 합성을 돕는 조혈 비타민의 결핍을 의심해야 한다.

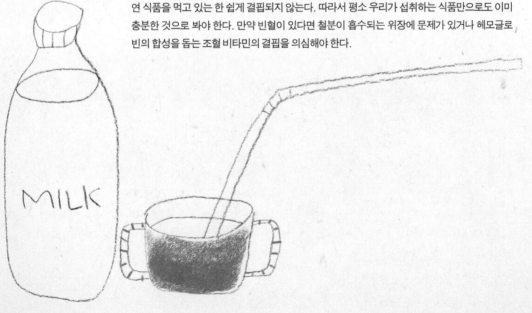

이유식, 재료를 바꿔라

아기들에게 가장 부족한 영양소는 섬유질이다. 아기들이 먹는 음식에서 섬유질은 완전히 제거되어 있다. 곡식, 과일은 다 껍질을 벗기고 채소의 억센 줄기와 잎, 뿌리채소들은 먹이지 않아 아기가 섭취할 수 있는 섬유질은 거의 없다. 문제는 섬유질뿐만 아니라 미네랄도 함께 제거되어 아기의 미각 신경이 둔화되고 편식이 심해진다는 것이다. 아기의 평생 식습관과 건강을 좌우하는 이유식, 아기가 먹지 말아야 할 음식과 꼭 먹어야 할 음식에는 어떤 것이 있는지 알아보자.

아기가 꼭 먹어야 할 음식

씨눈의 영양과 껍질의 섬유질이 살아 있는 현미
흰쌀, 흰 밀가루, 흰 설탕의 맛은 몰라도 된다!

● 　주식으로서 현미는 육체와 정신의 건강을 유지하는 데 중요하다. 이유기는 현미를 먹기 위한 훈련을 하는 시간이라고 해도 과언이 아니다. 이유기뿐만 아니라 어른이 되어서도 먹어야 할 음식이 바로 현미이다.

　현미는 전 세계적으로 육류나 생선, 우유는 말할 것도 없고 귀리, 밀, 오트밀과 같은 곡류와 비교해도 알레르기를 일으키지 않는 곡식으로 알려져 있다. 씨눈과 껍질이 모두 제거된 흰쌀은 녹말가루에 지나지 않는다. 영양이 모두 제거될 뿐 만 아니라 씹지 않고도 술술 넘길 수 있어 아기들이 부드러운 음식만 좋아하게 만든다. 쌀눈을 안 먹으면 잠재적 각기병을 앓기 쉽고 껍질의 섬유질을 안 먹으면 영양의 흡수 속도가 너무 빨라지고 장내에서 노폐물 배설이 안 돼서 면역기능도 떨어진다.

국수나 스파게티와 같은 면류는 알레르기 질환을 일으키는 가장 큰 주범이다. 밀가루의 글루텐은 소화가 안 될 뿐만 아니라 밀가루로 만든 음식에 첨가되는 화학물질과 함께 장내 생태계를 파괴한다.

이유식을 만들 때는 잡곡을 한 가지씩 늘려 완료기에는 아기가 현미 잡곡밥을 먹을 수 있어야 한다. 따라서 차조, 기장, 수수, 보리, 율무, 콩, 팥 등을 한 가지씩 먹여 차츰 모두 섞어 먹을 수 있도록 한다.

한의학적으로 차조와 기장은 위장을 따뜻하게 하여 위장의 소화능력을 도와준다. 수수와 팥은 혈액을 깨끗하게 해주고 심장을 튼튼하게 해준다. 보리는 열을 내려주고 간의 기능 회복을 돕는다. 율무도 몸을 서늘하게 식혀 준다. 콩에는 단백질, 지방, 올리고당, 마그네슘, 망간과 같이 몸에 필요한 중요한 영양소들이 고루 들어 있으며, 검정콩은 신장의 기능을 도와준다.

식물성 단백질 식품과 발효식품
계란, 우유, 고기는 늦게 먹여라!

● 아기들은 위장 소화능력이 아직 미숙해 동물성 단백질, 우유의 카제인 단백질, 계란의 알부민 단백질, 밀가루의 글루텐 단백질과 같은 거대 단백질을 완전히 소화하지 못한다. 단백질은 위에서 위산과 단백질 소화액을 충분히 분비해야 펩타이드를 거쳐 최종 분해 산물인 아미노산 형태로 흡수된다. 만약 단백질이 소

화되지 않은 채 아기의 몸 안에 흡수되면 알레르기를 일으키는 항원으로 작용한다. 따라서 동물성 단백질 식품과 거대 단백질들이 들어 있는 식품들은 되도록 늦게 먹이는 게 좋다.

조개나 바지락과 같이 필수 아미노산이 많이 들어 있는 해산물도 아기의 소화능력을 고려해 조금씩 늘려야 한다. 해산물은 돌이 지난 뒤 먹이는 게 좋다. 콩도 단백질이 많기 때문에 알레르기를 일으킬 수 있다. 하지만 콩에 대한 알레르기는 대체적으로 서양인들에게 많고 우리나라 사람들에게는 극히 드물다. 또한 우리 조상들은 늘 콩을 발효시켜서 먹었기 때문에 발효균에 의해 이미 단백질이 분해되어 몸속에서 이용률과 흡수율이 높았다.

많이 먹으면 좋은 음식과 먹지 말아야 할 음식을 분류하는 기준은 섬유질의 유무에서 찾을 수 있다. 섬유질이 풍부한 음식은 많이 먹어도 좋지만 섬유질이 없는 음식은 안 먹는 게 좋다는 것이다. 콩은 섬유질과 올리고당이 많기 때문에 장내 유산균의 증식을 돕는다. 콩은 아기 성장에 필요한 마그네슘도 풍부하고 정신 미네랄이라고 불리는 망간도 풍부하다.

콩을 먹어서 얻는 이점은 한두 가지가 아니다. 아기들에게 콩을 주는 것이 부담스럽다면 단백질 함량이 많은 검정콩이나 흰콩은 천천히 주고 처음에는 완두콩이나 강낭콩으로 시작해서 차츰 여러 가지 콩을 골고루 먹을 수 있도록 한다. 또 아기가 아직 콩을 소화시키기 어렵다면 된장과 청국장과 같은 발효식품부터 시작해도 좋다.

그때그때 볶아서 사용하는 씨앗류
좋은 지방의 맛을 알게 하라!

●   참깨나 들깨의 단백질은 소화도 잘될 뿐만 아니라 필수 지방산을 함유하고 있다. 하지만 필수 지방산은 공기 중에서 쉽게 산패될 수 있는 불포화 지방산이다. 참깨나 들깨와 같은 씨앗이나 견과류는 껍질에 싸여 있을 때는 안전하지만 껍질이 잘게 부서져 산소와의 접촉면이 늘어나면 변질될 가능성이 높다.

    참깨나 들깨, 검정깨는 아기들에게 좋은 건뇌식품이자 건강식품이다. 하지만 먹은 양만 조금씩 살짝 볶아서 사용하고, 통으로 사용하지 않는다면 먹기 직전에 잘게 부수는 것이 좋다. 많은 양을 분쇄기나 연마기에 빻아 보관하는 것은 좋지 않다.

    아기들에게 느끼하지 않고 질이 좋은 기름을 경험하게 해주는 것이 중요하다. 질 좋은 기름에 익숙한 아이들은 커서도 변질된 기름, 트랜스 지방이 많이 들어 있는 유탕처리 과자나 비스킷, 느끼한 빵과 도넛들을 입에서부터 거부하게 된다.

    가공된 식용유를 사용해서 볶거나 튀긴 음식은 중독성이 강하다. 기름지고 아삭하게 튀겨 고소한 맛을 잊을 수가 없기 때문이다. 하지만 참깨, 들깨, 참기름, 들기름은 아무리 좋아도 많이 먹으면 느끼해서 많이 먹을 수 없다. 자연적인 기름은 식욕을 조절해주는 좋은 장치를 갖고 있는 셈이다.

볶거나 가공하지 않은 견과류
신선한 것을 먹여라!

견과류는 오메가-3가 많이 들어 있어 아기들에게 좋지만 단백질이 풍부해 알레르기도 많이 일으키는 편이다. 그러므로 땅콩이나 잣, 호두 등은 돌이 지난 후에 곱게 갈아서 조금씩 먹이는 것이 안전하다.

견과류를 구입할 때는 겉껍질이 있는 채로 구입하고 먹을 때는 겉껍질과 속껍질을 제거해서 사용한다. 껍질이 모두 제거된 것을 구입할 때는 갈색 밀폐용

기에 들어 있는 것을 구입한다. 가공된 지 오래된 수입 견과류나 소금을 뿌려 볶은 견과류 등은 절대 사용하지 않는다. 냉장고에 가공된 견과류를 오래 보관하는 것도 좋지 않다.

특히 아기들에게 먹이는 견과류는 가공하지 않은 상태의 신선한 것을 구입해야 한다. 처음에는 아기들이 견과류 특유의 독특한 향 때문에 거부하기도 한다. 하지만 차츰 그 맛에 익숙해지게 된다. 땅콩이나 잣은 간장과 조청을 사용해서 조림을 해줘도 되고, 호두는 따뜻한 물에 불려 속껍질을 제거한 뒤 아린 맛과 향을 없애주면 아기들도 잘 먹을 수 있다.

제철 과일과 채소
제철 채소가 갖고 있는 맛과 향, 영양을 즐기게 하라!

● 　제철 채소는 영양, 맛, 향이 풍부하다. 아기들에게는 제철 채소를 먹으면서 영양을 섭취하고 맛과 향을 경험하는 것도 중요하다.

자연에서 재배된 제철 채소는 농약과 화학 비료로부터 안전할 뿐만 아니라 비타민, 미네랄, 생리 활성물질 농도가 풍부하다. 채소와 과일의 비타민은 푸른 잎의 엽록소에서 광합성 작용을 통해 합성된다. 햇빛을 충분히 받을수록 풍부해지는 것이다. 비닐하우스에서 키웠거나 성장 촉진제를 주거나 수경 재배를 해서 빨리 키우면 비타민이 합성될 시간이 없기 때문에 영양가가 떨어진다.

푸른 잎이 많을수록 비타민과 같은 영양물질과 생리 활성물질의 함량이 높다고 할 수 있다. 푸른 잎이 많고 색이 진하면 그만큼 거칠고 향이 진해서 먹기 어렵다고 생각하지만 색이 짙은 채소들이 영양가가 높다. 아기들도 시간이 지나면 푸른 잎의 질깃한 채소들도 푹 데치고 삶아 먹을 수 있어야 한다.

땅속의 미네랄은 땅속의 박테리아들이 식물로 운반한다. 이때 농약을 많이 주면 땅속 박테리아들이 죽어 미네랄이 있어도 식물체에 옮겨지지 못한다. 제철에 재배된 채소와 과일을 먹는다는 것은 영양과 안전을 먹고 자연과 교감하는 일이다. 자연에서 재배된 채소와 과일은 크기와 생김새가 제각각이지만 맛과 향, 질감은 모두 뛰어나다.

자연에서 자란 채소와 과일은 공장의 기계가 찍어낸 공산품과는 다르다. 채소와 과일이 크고 탐스럽고 윤기가 난다면 그건 인위적으로 재배했을 확률이 높다. 이런 채소와 과일은 겉은 화려해도 영양은 텅 빈, 빛 좋은 개살구인 경우가 많다. 모양새는 예쁘지 않아도 제철에 자연에서 재배된 채소 과일을 섭취하는 것이 건강에 좋다.

건강과 맛을 살리는 천연조미료
제대로 발효된 장을 섭취하게 하라!

● 　만약 기름의 향과 영양을 집중적으로 이용하거나 감칠맛 나는 요리를 위해서 기름을 사용할 때는 압착해서 짠 기름이 가장 좋다. 새까맣게 볶아서 짜면 기름의 회수율이 올라가지만 기름이 산패할 가능성이 높아진다. 따라서 볶아서 짠

기름이라도 살짝 볶은 것이 좋다. 자연 상태로 눌러 짠 기름에는 자체적으로 항산화 영양소가 들어 있기 때문에 볶아서 짠 기름이나 유기용매로 뽑은 기름보다 안전하다.

또한 볶고 튀기는 조리법으로 섭취하는 기름은 멀리해야 한다. 아기의 이유식 조리법은 삶고, 데치고, 끓이는 것이 가장 좋다. 기름을 섭취해야 한다면 압착 기름을 먹이는 것이 좋지만 아기의 이유식 과정에서 기름 맛을 알게 하는 것은 좋지 않다.

많은 엄마들이 잘못 생각하고 있는 것은 수입된 올리브유, 포도씨유 등은 안전하다고 생각하는 것이다. 하지만 올리브유에 몸에 반드시 필요한 필수 지방산이 들어 있는 것도 아니고 포도씨유에 오메가-6 지방산이 적은 것도 아니다. 아기들은 가능한 지방을 멀리하는 것이 좋다. 그러므로 굳이 건강을 위한다며 포도씨유, 올리브유 등의 비싼 수입 기름을 사먹을 필요가 없다. 아기들에게 가장 좋은 지방 섭취는 곡식이나 씨앗 등에 포함된 음식 자체의 지방을 먹게 하는 것이다.

자연의 맛을 알게 하는 천연조미료인 장, 좋은 콩을 오랫동안 숙성시켜 제대로 만든 간장이나 된장만큼 좋은 천연조미료도 없다. 좋은 장은 숙성 과정에서 판가름된다. 과학적으로 모두 밝혀지지는 않았지만 숙성되는 과정에서 생리적으로 유효한 물질들이 많이 증가하는 것으로 보고 있다. 장류는 재료의 원산지가 불분명한 시판 된장이나 간장보다는 우리의 재료로 제대로 만들어 깊은 맛을 내는 것을 구입해야 한다.

장류 중 아기들이 늦게 맛을 볼수록 좋은 게 바로 매운 고추장이다. 물론 고추장이나 고춧가루는 매워서 아기들은 잘 먹지 못한다. 매운 맛은 미각 세포가 감지하는 특정한 맛이 아니라 통각이다. 매운 맛은 혀의 통증을 일으키고 아기들에게 고통을 주므로 아기가 스스로 거부하게 된다. 더 중요한 문제는 매운 맛을 내는 고추의 캡사이신은 교감 신경을 흥분시켜 아기들을 긴장시킨다. 스트레스를 받을 때나 피곤할 때, 감기 기운이 있을 때 더 매운 맛을 찾게 되는 것도 이런 이유 때문이다.

만약 아기가 매운 맛을 지나치게 좋아한다면 그것은 아기가 질병에 걸렸다고 볼 수 있다. 아기나 어른, 관계없이 매운 맛을 즐기는 것은 나쁜 습관이다. 시판되는 고추장의 매콤 달콤한 맛은 첨가된 설탕 맛이라는 것을 잊지 말아야 한다.

tip 자주 사용하는 재료 보관법

1. 쌀가루와 죽

쌀가루는 쌀을 씻어 완전히 말린 후 믹서에 갈아 가루로 만든 다음 밀폐용기에 담아 보관하면 죽을 만들 때마다 편리하게 꺼내 쓸 수 있다. 죽 종류는 먹을 양만큼 냉동 보관했다가 아기에게 먹일 때마다 조금씩 녹여 먹인다. 해동시킬 땐 전자레인지에 가열하지 말고 약한 불에 중탕으로 녹인다.

2. 각종 채소

채소는 수분을 많이 함유하고 있다. 채소의 종류마다 차이는 있지만 기본적으로 데치거나 삶은 후 냉동 보관하면 맛과 영양을 비교적 오랫동안 유지할 수 있다. 단호박, 브로콜리와 같은 채소는 삶거나 데친 후 물기를 꼭 짜고 필요한 양만큼만 잘라 랩에 꼭 싼 후 냉동한다. 냉동 보관하더라도 4~5일이 지나면 영양이 파괴되므로 되도록 빨리 먹는 것이 좋다. 시금치, 양배추는 신문지에 잘 싼 후 비닐팩에 넣어 냉장고에 보관하고 당근은 흙을 털어내지 않고 보관해야 오래간다.

이유식 재료, 언제부터 먹여야 할까?

1 현미

이유식을 시작할 때부터 먹인다. 현미를 불리고 갈아서 체에 내린 미음을 먹이므로 소화가
안 될 거라고 걱정할 필요는 없다. 오히려 아기는 더 고소하고 맛있게 느낄 수 있다. 사람을
살리는 좋은 먹을거리를 몸이 거부할 이유가 없다. 아기가 잘 먹지 않는다면 그것은 현미라
서가 아니라 익숙하지 않아서일 뿐이다. 다른 것으로 시작하는 이유식도 처음부터 아기가
무조건 좋아하는 것은 아니다.

2 고기

많은 이유식 책에서는 철분 결핍을 예방하기 위해 6개월부터 고기를 먹여야 한다고 주장한
다. 하지만 고기는 늦게 먹일수록 좋다. 두 돌이 지나 먹여도 상관이 없고 더 커서 먹여도 상
관이 없다. 영양만 생각하지 마라. 더 중요한 것은 아기가 육류 단백질을 소화시킬 수 있는
위장의 능력이 생기는 것이다. 더군다나 철분은 많은 양이 필요하지 않다. 결핍이 있을 때는
몸이 알아서 흡수율을 높인다. 철분과 단백질은 다양한 곡류와 채소, 해조류 등을 통해 얼마
든지 섭취할 수 있다. 중요한 것은 아기가 자연식품을 다양하게 경험하고 먹는 일이다.

3 생선

생선도 단백질과 지방 함량이 높고 알레르기를 잘 일으키므로 위장의 능력이 좋아지는 것을
천천히 살피면서 먹여야 한다. 돌을 전후로 부담이 덜한 흰살 생선을 조금씩 먹이는 것부터
시작한다.

4 콩류

콩도 단백질과 필수 지방산의 함량이 높고 섬유질의 양도 많아 건강에 좋은 음식이지만 아기
에게 처음부터 줄 수는 없다. 아기가 초기 이유식에 완전히 익숙해진 다음 상대적으로 단백
질 함량이 낮은 완두콩이나 강낭콩을 주고 나중에 노란콩이나 검정콩을 먹인다. 두부 역시
처음부터 먹여서는 안 된다. 돌을 전후해 진밥을 먹게 되었을 때쯤 주는 게 좋다.

5 계란

9개월부터는 계란 노른자를 완숙으로 줄 수 있고 흰자는 돌이 지난 뒤 준다. 이유식에 얹어
주거나 분유에 섞어준다. 돌 이전에는 계란의 철분은 잘 흡수되지 않고 알레르기를 일으킬
수 있기 때문에 주의한다. 가능하면 계란, 고기, 생선 등은 천천히 먹이는 것이 좋다.

6 채소

4개월 이후 쌀죽을 먹이기 시작하면 1~2주 후부터 채소죽을 먹인다. 섞어먹는 채소로는
완두콩, 강낭콩, 고구마, 호박, 옥수수 등이 있으며 질산염이 많은 시금치, 당근 등은 사온 즉
시 먹이도록 한다. 하지만 브로콜리, 컬리플라워, 셀러리, 케일, 양배추, 순무, 양파 등은 이
유식 초기부터 첨가하지 않는 것이 좋다.

7 과일

대부분의 엄마들이 과일은 이유기 초기부터 즙으로 먹여도 된다고 생각한다. 하지만 복숭아, 자두, 살구, 바나나 등의 과일은 9개월 정도부터 주는 것이 좋고, 오렌지나 귤 등은 알레르기를 일으킬 수 있기 때문에 돌이 지나서 아기의 상태를 체크한 후 주는 것이 좋다. 토마토, 딸기 역시 돌이 지난 후부터 주도록 하고, 씨 없는 포도도 두 돌이 지난 후에 조금씩 준다. 과일이나 채소는 생후 8개월까지는 될 수 있으면 익혀 먹는 것이 좋다.

재료보관의 기본원칙

1 소량개별 포장한다

이유식 1회 분량은 매우 적다. 따라서 한 번 먹을 분량을 소량씩 개별 포장하는 것이 좋다.

2 보관은 1주일 이하로 한다

아무리 냉장, 냉동 보관한다 해도 오랫동안 보관하면 신선도가 떨어지게 마련이다. 성인이 먹는 거라면 크게 상관없지만 아이가 먹을 이유식 재료는 보관 기간을 최대 1주일을 넘기지 않도록 한다.

3 급랭시키는 것이 좋다

이유식 재료를 냉동시킬 경우 급랭시키는 것이 좋다. 그러기 위해선 우선 이유식 재료를 작고 얇게 썰어 냉동실에 넣는 것이 좋다. 플라스틱 용기보다 금속 용기가 냉동 시간이 짧게 걸리므로 금속 그릇에 담는 것이 좋다.

4 재료의 건조를 최소화한다

냉장실과 냉동실은 의외로 건조하다. 따라서 재료는 꼼꼼하게 랩으로 싸거나 밀폐용기를 사용해 건조를 최소화 한다.

5 네임택을 붙여둔다

냉장실, 냉동실에 넣어두면 언제 넣었는지 잊어버리기 일쑤이다. 따라서 제품의 명칭과 날짜를 적은 네임택을 붙여두면 찾기도 꺼내기도 수월하다.

6 국물류는 얼음틀에 담아얼린다

다시국물과 같은 이유식 재료는 얼음틀에 넣어 얼려두자. 완전히 얼면 필요한 양만큼 해동해 사용할 수 있어 간편하다.

아기가 피해야할음식

꿀과 설탕, 과당이 들어간 음식
아이들이 단맛에 중독되면 안 된다

● 꿀은 절대 좋은 음식이 아니다. 꿀이 몸에 좋은 웰빙음식인 것처럼 생각하는 나라는 우리나라뿐이다. 꿀은 설탕보다 좋을 게 없다. 설탕이 몸 안에서 분해되어 포도당과 과당이 되는 이당류라면 꿀은 그냥 포도당 반, 과당 반이다. 설탕보다 분해될 필요도 없이 바로 혈당을 올리는 음식이다.

아기들에게 설탕 대신 꿀이나 수입 과당 가루를 줘서도 안 된다. 아기들 음식에 단맛을 내고 싶다면 조청이나 과즙을 사용하면 된다. 올리고당은 몸의 소화 효소로 분해되지 않고 장내 유산균의 먹이가 되어 장을 좋게 해주는 감미료다. 하지만 시판되는 올리고당 중에 100% 제품은 없다.

이유식을 하는 기간 중에 소금으로 간을 하지 않는 것처럼 단맛도 철저히

금해야 한다. 이 시기에 아기가 단맛에 중독되면 크면서 더욱 달콤한 음식을 찾게 된다. 달콤한 음식에 중독되면 자연스럽게 밥을 멀리하게 된다. 편식을 하게 될 뿐만 아니라 소아 비만으로 이어질 가능성도 크다. 꿀과 설탕, 과당이 들어간 음식은 소금으로 간을 한 음식처럼 멀리할수록 좋다.

빵, 과자, 각종 면류와 밀가루 음식
밀가루의 글루텐 단백질은 알레르기를 일으킨다

●   빵은 부드럽고 국수, 자장면, 스파게티는 씹지 않아도 술술 넘어간다. 빵은 밥보다 먹기 편하고 부드러워 소화도 잘 될 것 같지만 사실 빵만큼 위의 기능을 나쁘게 하는 음식도 없다. 더구나 위 기능이 아직 미성숙한 아기들에게는 아무리 설탕과 버터가 적게 들어 있는 식빵이라도 주면 안 된다.

  밀가루의 글루텐 단백질은 아기들의 위장을 괴롭히고 알레르기를 일으킨다. 아기에게 아토피를 포함한 알레르기 질환이 있다면 말할 필요도 없다. 나중에도 먹을 기회는 얼마든지 있다.

  아기들에게 삶은 국수를 장국에 말아주면 정말 잘 먹는다. 잘 먹는다고 자주 해주면 아기는 술술 넘어가는 음식에 익숙해져 씹어야 하는 음식들은 먹지 않으려고 한다. 다시 한 번 강조하지만 이유식을 하는 가장 큰 목적은 씹고 삼키는 훈련을 통해 올바른 식습관을 기르고 밥을 잘 먹게 하는 것이다.

  과자에는 트랜스 지방이 많아 고소하고 아기들이 언제든지 쉽게 간식으로 먹을 수 있지만 아기의 건강에는 치명적이다. 아기들이 안 먹어도 되는 음식, 아니 먹어서는 안 되는 음식을 쥐어주는 사람은 바로 부모라는 것을 잊어서는 안 된다.

기름에 볶거나 튀긴 음식
필수 지방산 결핍으로 온갖 염증을 일으킨다

● 모든 음식은 튀기면 맛있다. 기름을 넣어 볶은 음식들은 윤기도 나고 부드럽고 고소하게 느껴져서 술술 잘 넘어간다. 요리를 못하는 엄마들일수록 근사하게 보이는 튀김 요리에 승부를 건다. 부모가 아이의 음식에 기름을 사용하는 것은 이미 부모가 기름진 음식에 중독됐기 때문이다. 기름에 볶거나 튀긴 음식은 간편하면서도 맛있게 먹을 수 있는 음식이지만 부모와 아기, 모두의 건강을 위협한다.

볶거나 튀기는 데 사용하는 식용유에는 오메가-3 지방산의 작용을 방해하는 오메가-6 지방산의 함량이 월등히 높다. 오메가-3 지방산의 결핍은 염증을 일으키고 뇌 기능을 방해하며 전반적인 신체 기능의 저하를 가져온다. 그 이유는 오메가-3 지방산이 절대적으로 결핍되었다기보다는 오메가-6 지방산의 섭취가 지나쳐 지방산의 섭취 비율이 깨졌기 때문이다.

세상에 이제 막 나온 아기들이 기름에 볶은 음식이 정말 맛있다고 생각할 수는 없다. 아기들이 나쁜 음식에 탐닉하는 가장 큰 이유는 부모 때문이다. 부모가 그 음식을 좋아해서 자주 해주거나 아기들을 방치해 밖에서 아무 음식이나 사먹을 수밖에 없는 환경에 있기 때문이다. 기름에 볶거나 튀기는 것, 기름을 발라 오

븐에 요리한 것이나 기름이 들어가 있는 음식을 전자레인지에 데우는 일은 없어
야 한다.

육류와 육가공 음식
위장기능과 면역기능이 떨어진다

● 　돌 전에는 쇠고기와 닭고기, 돼지고기를 비롯해서 육류를 가공해서 만든
햄, 소시지, 베이컨 등은 절대 먹이지 말아야 한다. 가공식품이 아기들에게 나쁜 것
은 누구나 다 아는 사실이다. 성장과 발달을 위한 단백질 필요량을 채우기 위해서
아기의 상태는 고려하지도 않은 채 그저 당연히 육류를 먹여야 한다고 생각한다
면 큰 오산이다. 육류를 먹이는 것은 단백질을 보충하는 게 아니라 오히려 아기의
위장기능과 면역기능을 떨어뜨려 알레르기를 일으킬 가능성만 높인다.
　다른 이유식 책에서는 어릴 때 먹이는 고기가 평생 건강을 좌우하기 때문
에 생후 6개월부터는 아기에게 고기를 먹일 것을 강조하고 있다. 먹여야 하는 쇠
고기 분량과 닭 가슴살 분량, 쇠고기 육수, 닭고기 육수를 만드는 법이 소개되어 있
기도 하다. 고기를 선택할 때도 기름 없는 부위, 한 번 삶은 고기가 중요한 것이 아
니다. 고기는 지방이 많아서 삼가야 하는 음식이 아니다. 아기들의 위장이 미성숙
해서 단백질을 완전하게 분해할 수 없기 때문에 어리면 어릴수록 더욱 조심해서
먹여야 하는 음식이다.

우유와 유제품
우유의 카제인 단백질이 알레르기를 일으킨다

●   모든 사람들이 알고 있듯이 우유는 칼슘과 영양이 풍부한 완전식품일까? 굳이 완전이라는 말을 붙이자면 우유는 완전 가공식품이다. 치즈와 발효유조차도 발효식품의 이점보다는 가공식품의 허점을 더 많이 가지고 있다.

    우유는 일단 원유 획득 후 살균 처리 과정에서 세균뿐만 아니라 유당과 지방을 분해하는 효소까지 모두 파괴되기 때문에 소화하기 힘들다. 한편 고온 살균 과정 중에 단백질이 변성될 가능성도 높아진다. 고온으로 끓이는 과정에서 영양소는 모두 파괴되고 지방 사슬을 작게 끊는 과정을 거쳐 몸에서 지방이 더 빨리 흡수된다. 그러므로 우유를 많이 먹는 아기들은 빨리 포만감을 느껴 다른 음식을 먹으려 하지 않는다.

    또 우유의 카제인 단백질은 잘 분해되지 않을 뿐만 아니라 위산과 만나 '파라카제인칼슘'이라는 녹지 않는 침전물을 만들어 소화도 잘 안 된다. 우유에 칼슘이 많다고 그것이 다 흡수되는 건 아니다. 칼슘과 같은 미네랄은 일단 녹아야만 흡수될 수 있다. 또 불용성의 침전 상태가 된 칼슘은 그대로 장으로 밀려가 장내 생태계를 알칼리성으로 바꾸어 대장균의 증식을 돕는다. 장내에 대장균과 같은 유해균이 증식하면 변 색깔이 녹색이 되고 냄새도 심해진다.

    몸에서 유당을 분해하는 효소는 이유기가 끝나는 시점이 되면 거의 퇴화한다. 동양인 90% 이상이 유당을 분해하지 못해 복통, 가스, 설사, 복부 팽만감을 나타내는 유당 불내증을 앓고 있다. 모유나 우유는 젖먹이 시절의 먹이일 뿐이다. 나아가 사람의 젖보다 소젖이 문제인 이유는 소젖은 송아지를 키우기 위한 것이므로 엄마의 젖과 비교해서 단백질과 칼슘이 많이 들어 있다. 언뜻 생각하면 단백질과 칼슘의 양이 많아서 좋을 것 같지만 단백질과 칼슘이 많다는 것은 그만큼 성장을 촉진해서 빨리 크고 빨리 늙고 빨리 죽게 한다는 것을 의미한다. 소는 보통 5년 동안 성장해서 25년을 살다 죽는다. 하지만 사람은 20년 이상을 성장하고 100년 가량을 산다. 모든 생명체는 성장기의 다섯 배를 산다. 이제 부모는 선택할 때다. 빨리 덩치 크게 키워서 빨리 노화시킬 것인지, 아니면 천천히 크더라도 제 수명을 다 살게 도울 것인지.

계란과 알류
알레르기를 일으키고 오염물질이 농축되어 있다

● 옛말에 이유기의 아기에게 계란노른자는 줘도 흰자는 주지 말라고 했다. 흰자의 알부민 단백질이 알레르기를 많이 일으킨다는 것을 옛 사람들은 경험으로 알고 있었던 것이다. 하지만 요즘 계란은 노른자 또한 오염도가 높아서 계란과 알류는 안 먹이는 것이 좋다.

모체는 젖과 알 등을 통해 체내에 축적되어 있는 다이옥신, 환경 호르몬, 중금속 등을 배설한다. 비극적인 일이다. 내 아기에게, 내 아기가 먹을 젖에 가장 많은 양의 노폐물들이 배설되고 있다는 사실은 충격이 아닐 수 없다. 하지만 모든 생명은 자식 앞에서조차 솔직하다. 자신이 살기 위해 생명 활동을 하고 있는 것이다.

그럼에도 불구하고 모유만한 먹을거리가 없는 현실에 하물며 다른 동물들의 배설과 정화 장치까지 수행하고 있는 젖과 알을 먹일 이유는 더더욱 없다. 먹이 사슬의 위로 올라갈수록 오염물질의 농축 현상은 더 심해진다. 환경오염 시대에 아기를 더 안전하게 키우고 싶다면 먹이 사슬의 아래에 있는 음식을 더 많이 먹여야 한다. 채식 위주의 자연식품은 환경 오염시대를 살아가기 위한 최대의 방어장치다.

생선과 어패류
알레르기를 일으킬 수 있다

●   각종 생선과 어패류에는 오메가-3 지방산과 필수 아미노산들이 많이 들어 있다. 하지만 아기들은 육류 못지않게 생선과 어패류의 단백질을 제대로 소화시킬 수 없다. 따라서 생선과 어패류 역시 알레르기를 일으킬 수 있는 가능성이 매우 높다. 아기의 소화능력이 발달하는 상태를 지켜보면서 차츰 먹이는 것이 좋다.

    또 생선과 어패류는 쉽게 부패되어 식중독을 일으킬 수 있을 뿐만 아니라 공기 중에서 산패되어 발암물질인 과산화지질을 만든다. 아기가 커서 다양한 음식을 먹을 수 있게 되더라도 냉장고에 오래 보관한 생선, 냉동실에 얼려둔 등푸른 생선, 소금 뿌려 말린 생선, 각종 오래된 어패류와 해산물들은 절대 먹이지 않아야 한다. 생선과 어패류는 일단 신선해야 의미가 있다.

    바다 오염이 심각해지면서 생선과 어패류의 오염도가 높아지고 있다. 근해에서 잡은 것보다는 먼 바다에서 잡은 것이 좋고, 큰 고기보다는 작은 고기가 좋으며, 오염물질의 농축이 가장 심한 머리와 내장은 되도록 먹지 않는 편이 낫다.

땅콩과 견과류
알레르기를 일으킬 수 있다

●   각종 견과류와 씨앗류 등은 영양학적으로는 아주 훌륭한 음식이다. 반찬으

로 만들어 먹여도 좋고 간식으로도 좋다. 하지만 견과류에는 단백질과 지방산이 풍부하기 때문에 영유아기에는 조심해야 한다. 알레르기를 일으킬 수 있는 위험성 또한 높다. 또한 생선이나 어패류와 같이 신선도가 중요한 음식이기도 하다. 잣과 참깨 정도는 이유식 후기 정도면 이유식의 재료로 사용해도 좋다.

　　　돌이 지나 이유식의 재료로 사용할 때도 신선한 것을 구입해야 한다. 냉장고에 보관할 것은 껍질째 구입해서 보관하고 껍질이 제거된 것은 갈색 밀폐 용기에 담아서 보관한다. 수입 견과류나 소금을 뿌려서 가공한 견과류는 절대 아기들에게 주어서는 안 된다. 또한 견과류를 사용해서 만든 빵이나 과자도 신중하게 선택한다. 수입 견과류를 가공식품에 넣어 오랜 시간 동안 두고 먹는 경우가 가장 안 좋다. 땅콩과 견과류는 이유식의 재료로 사용하기보다는 아기들이 어느 정도 컸을 때 깨강정, 잣강정, 땅콩강정을 만들어 간식으로 만들어 먹이는 것이 좋다. 영양도 듬뿍 섭취할 수 있고 포만감도 주는 훌륭한 간식이 되기 때문이다.

수입 과일과 말린 과일
농약 덩어리를 먹이는 것과 같다

●　　아기들에게 부드럽다고 주는 바나나, 비타민C가 풍부할 것 같아 짜주는 오렌지와 각종 수입 과일들은 아기들에게 안 주는 것이 좋다. 수입 과일들은 재배 과정에서 뿐만 아니라 씻어도 잘 제거되지 않는 수확 후 농약을 사용해 아기들에게 더 큰 피해를 준다. 또 건포도와 살구를 비롯한 각종 말린 과일들은 곰팡이와 세균

증식을 억제하기 위해 화학 첨가물 처리를 하게 된다. 말린 과일, 건어물, 샐러드 바에서 가장 많이 사용되고 있는 아황산나트륨은 천식을 비롯한 호흡기 발작을 일으킨다. 식품 첨가물, 농약, 화학 비료가 제거된 식품들로 식단을 바꾸었을 때 피부염이나 천식, 비염과 같이 아기들이 앓던 증상들이 빨리 개선되고 면역기능이 좋아져 감기에도 잘 걸리지 않는다. 아기들은 자주 아프지 않아야 성장과 발달 과정에 더욱 충실할 수 있게 된다.

 tip 돌 전에 피해야 할 음식에는 어떤 게 있나요?

1. **꿀** | 꿀은 클로스트디엄 보툴리넘균의 포자를 함유하고 있어 치명적인 보툴리누스균 중독을 일으킬 수 있으므로 돌 전의 아기에게는 되도록 먹이지 않는다.

2. **생우유** | 우유는 설사, 복통, 가스를 일으키는 유당 불내증과 단백질에 대한 알레르기를 많이 일으키는 식품이다. 돌 전에 생우유를 먹이면 오히려 지나친 칼슘이 철분의 흡수를 방해하여 빈혈을 일으킬 수 있다.

3. **계란흰자** | 계란 흰자의 알부민은 알레르기를 유발시키는 음식 중 하나이므로 돌이 지날 때까지 먹이지 않는다. 계란은 이유식 동안에는 주지 않아도 된다. 이유식을 시작할 때 조금이라도 먹이고 싶다면 계란을 삶은 후 노른자만 모유에 으깨어 준다.

4. **말린 과일** | 건포도, 대추, 무화과 등은 영양은 풍부하지만 이 사이에 끼면 썩을 수 있고, 말리는 과정에서 표백제나 방부제를 사용할 위험이 있다.

5. **설탕** | 사탕이나 푸딩, 젤라틴, 케이크, 청량음료, 설탕이 많이 든 과자는 비타민, 미네랄, 또는 다른 영양소가 들어 있지 않아 텅 빈 칼로리라 부른다. 그리고 단 음식을 먹으면 식욕을 자극하여 나쁜 식습관을 만든다.

6. **주스** | 시판 주스는 당분 공급 식품이다. 주스를 마시면 배가 불러 다른 음식을 먹으려 하지 않는다. 또한 주스는 영양소와 섬유질이 모두 제거되어 있으므로 아기에게는 바로 짠 과즙이나 과일을 갈아서 주는 것이 좋다. 아기의 마실 거리로 좋은 것은 오직 물 뿐이다.

알레르기가 있는 아기를 위한 이유식

1 우유 알레르기

모유나 분유는 비슷해도 우유는 성분이 다르기 때문에 처음 먹일 경우 주의해야 한다. 우유알레르기가 발생하면 우유뿐만 아니라 유제품과 우유가 들어 있는 각종 가공식품들도 먹이지 않아야 한다. 우유 알레르기는 대체로 우유의 카제인 단백질과 같이 거대 단백질을 소화하지 못해 발생하는 문제이기 때문에 단백질이 많은 음식은 모두 삼가야 한다.

피해야 할 음식 우유, 유제품, 치즈, 버터, 마가린, 요구르트, 우유로 만든 수프, 화이트 소스, 초콜릿, 쿠키, 비스킷, 웨하스, 각종 케이크, 크림, 푸딩, 아이스크림, 햄, 밀크 코코아, 소시지 등

2 계란알레르기

계란 알레르기를 일으킬 경우 계란뿐만 아니라 계란과 관련된 음식에 모두 주의한다. 계란도 계란 흰자에 많이 들어 있는 알부민 단백질에 대해 알레르기를 일으키는 것이기 때문에 단백질이 많은 모든 음식에 주의한다. 상대적으로 아기들에게 계란 노른자를 줄 수 있었던 것은 계란 노른자에는 레시틴과 같은 몸에 필요한 지질이 더 많기 때문이다.

피해야 할 음식 계란, 메추리알, 닭고기, 생선알, 계란 제품, 각종 계란 요리, 마요네즈, 계란을 함유한 과자, 튀김가루, 크로켓, 인스턴트식품 등

3 콩 알레르기

콩 알레르기가 있을 경우 콩뿐만 아니라 콩과 관련된 모든 음식에서 알레르기 반응을 일으킬 수 있으므로 콩 관련 음식을 모두 먹이지 않는 것이 좋다. 가장 주의해야 할 식품은 식용유와 조미료이다. 콩알레르기의 경우 대부분 단백질이 원인이 되므로 저단백질 음식부터 먹여본다. 콩은 조상 대대로 먹어왔던 음식으로 콩 알레르기는 흔치 않고 콩 알레르기로 의심이 되는 경우에도 대개는 아기가 성장하면서 좋아진다.

피해야 할 음식 메주콩, 팥, 각종 콩 종류, 식용류, 쇼트닝, 튀김용 기름, 튀김, 두부, 유부, 콩기름, 된장, 청국장, 간장, 인스턴트식품, 튀김과자, 땅콩버터, 초콜릿, 우유, 코코아 등

4 밀가루알레르기

밀가루의 글루텐 단백질은 우유의 카제인 단백질, 계란의 알부민 단백질과 함께 거대 단백질로 잘 소화되지 않고 쉽게 알레르기를 일으킨다. 수입밀은 글루텐 함량이 높아 알레르기를 더 많이 일으킨다. 또한 알레르기라고 하면 피부염, 천식, 비염 등을 생각하기 쉽지만 빵이나 과자, 밀가루 음식을 먹고 난 후 생기는 복통, 가스, 설사, 두통도 모두 알레르기 증상이다. 밀가루 알레르기가 의심되면 밀가루로 만든 각종 가공식품도 주지 말아야 한다.

피해야 할 음식 빵, 과자, 라면, 자장면, 스파게티, 비스킷, 햄버거, 도넛 등

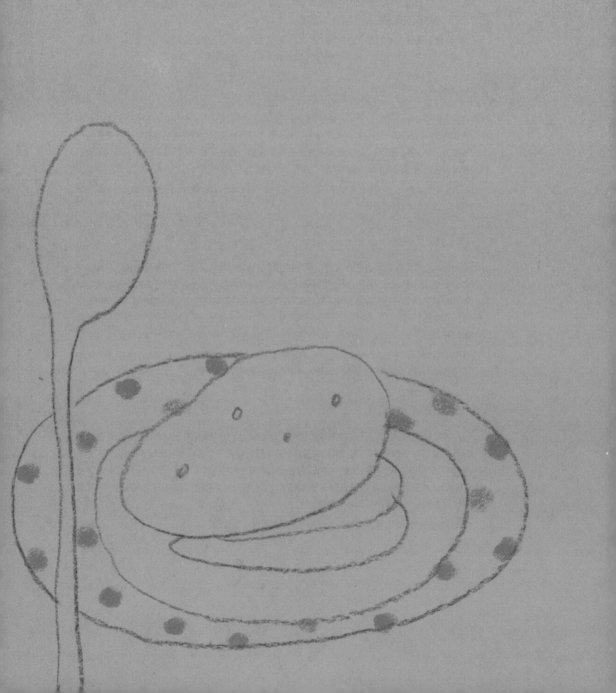

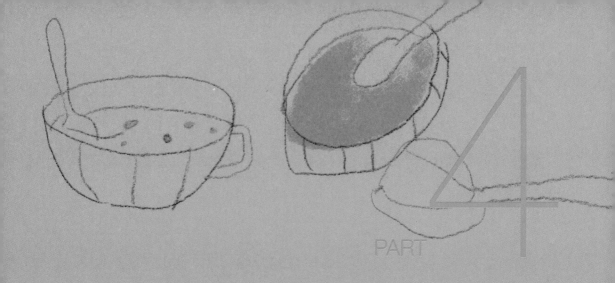

PART 4

엄마가 만드는
영양만점 이유식

만들어 먹이는 이유식이 단지 신선하다는 이유에서 좋다는 것은 아니다. 제철 음식 중 아기가 먹을 수 있는 재료를
선택해서 바로 만들어 먹이면 아기는 풍부한 영양 섭취는 물론 오감을 키워주는 다양한 경험을 할 수 있다. 바른 식
습관 형성에 많은 영향을 미치는 이유기. 음식을 조금씩 만들어 먹이면 번거롭다고 생각할 수 있지만 간단한 조리
법과 기본 레시피만 익혀두면 쉽고 영양이 풍부한 웰빙 이유식을 만들 수 있다.

이유식 조리의 원칙

이유식 조리기구와 그릇은 따로 사용한다
면역력이 약한 아기들은 위생에 특히 신경써야 한다!

● 아기들은 아직 장이 튼튼하지 못하고 면역력이 약하기 때문에 조금만 균이 들어가도 배탈이 날 수 있다. 이유식을 만들 때 엄마는 위생에 각별히 신경을 써야 한다. 손은 물론이고 손톱을 청결히 관리하는 것도 중요하다. 특히 생선이나 고기를 만진 다음에는 비누로 흐르는 물에 손을 헹군 다음 이유식 재료를 다뤄야 한다.

또한 아기는 먹는 양이 적고 특별히 위생 문제에 신경써야 하므로 아기 전용 식기를 하나쯤 마련하는 것이 좋다.

조리기구는 깨끗이 씻은 후 통풍 건조를 잘 시키거나 햇볕에 말려서 사용한다. 장마철처럼 햇볕에 말리기 힘들 때는 간단하게 인체에 무해한 100% 곡물 발효알콜 성분인 뿌리는 살균제를 사용해도 좋다.

조리기구의 위생을 생각해 열탕 소독을 자주해야 하지만 그렇다고 매일 할 필요는 없다. 생후 1~2개월에는 우유병을 잘 소독해서 사용하고 3개월이 지나면 아기가 사용하는 그릇은 어른 그릇과 섞이지 않도록 분리한 뒤 이유식 그릇부터 먼저 설거지한다. 뜨거운 물로 씻어내고 잘 건조하면 충분하다. 칼과 도마는 육류나 생선 등의 날고기를 만지는 것과 채소를 만지는 것 두 가지로 나누는 것이 좋다. 날고기 사용 후엔 꼭 소독하는 것이 좋다.

　　나무 도마는 세제보다 소금을 사용하는 것이 좋다. 도마 위에 소금을 살살 흔들어 뿌리고, 수세미로 나뭇결의 방향을 따라서 문지른 뒤 흐르는 맑은 물에 씻으면 된다. 소금이 도마의 냄새와 잡균까지 없애준다. 나무 도마의 경우 칼자국과 홈이 많이 생기면 음식물이 끼어 오염이 되기 쉬우므로 새것으로 교환하는 것이 바람직하다. 그래도 도마의 위생상태가 걱정된다면 먹고 난 우유팩을 펼쳐서 1회용 도마로 이용해도 좋다. 부모가 질병이 있는 경우 맛을 본 숟가락을 사용해서는 안 된다. 숟가락을 통해 감염될 위험이 있기 때문에 각별히 주의한다.

곡식, 채소는 익혀 먹인다
익힌 음식의 영양을 섭취하게 하라!

●　　갓 태어난 아기에게는 음식을 꼭 익혀 먹인다. 이것은 혹시 음식 속에 들어 있을지도 모르는 세균이나 곰팡이를 살균하기 위해서지만 더욱 중요한 목적은 영양소의 소화 흡수를 높이기 위한 것이다. 비타민이 무조건 열에 파괴되는 것은 아

니다. 곡식과 채소의 영양은 모두 식물 세포 안에 들어 있다. 식물 세포는 셀룰로오스라는 세포벽에 둘러싸여 있기 때문에 식물 세포벽이 붕괴되지 않고는 영양을 제대로 섭취할 수가 없다. 식물 세포벽은 열을 가하거나 미생물에 의해 발효하게 되면 세포벽이 무너지고 그 안의 영양이 흘러나온다. 그러므로 곡류와 채소는 익혀 먹을수록 더 많은 영양을 섭취할 수 있다.

삶고 데치고 쪄서 만든다
가장 안전하게 요리하는 방법을 찾아라!

● 음식을 요리할 때 물에 푹 삶기도 하고 살짝 데치기도 한다. 혹은 찜통에 찔 수도 있다. 더 낮은 온도에서 오랜 시간 동안 끓이는 방법을 쓰기도 한다. 또 기름에 볶기도 하고 높은 온도에서 튀기기도 한다. 삶고 데친 음식은 갖은 양념에 무치기도 하지만 처음부터 간장이나 갖은 양념에 넉넉히 물을 넣고 조리기도 한다.

가장 좋은 요리법은 영양의 손실을 최소화하고 영양소의 화학 구조가 변하지 않는 방법이다. 영양소끼리 화학 반응에 의해 구조 자체가 변질되거나 새로운 신생물질을 만들지 않는 방법을 말한다. 그러기 위해서는 삶고 데치고 찌는 방법이 가장 좋다.

탄수화물이 많이 들어 있는 식품은 높은 온도에서 조리해도 영양소의 변화가 크게 일어나지 않지만 단백질과 지방은 고온에서 변질된다. 심지어 발암물질까지 만들어낸다. 비타민은 햇빛, 수분, 열 등에 의해 파괴되지만 식물 세포 안에 둘러싸여 있는 비타민들은 쉽게 녹아 나오지도 않고 파괴되지도 않는다.

단백질이 많은 식품은 절대 오랜 시간 높은 온도에서 조리하면 안 된다. 단백질의 구조가 변질되기 때문에 흡수가 어려워진다. 지방이 많은 식품은 더욱 신중하게 다뤄야 한다. 공기 중에 오래 방치할수록 변질도 빠르지만 높은 온도에서 기름을 사용해서 조리하면 변질될 가능성이 더욱 높아진다.

감자와 같은 탄수화물 식품도 높은 온도에서 기름에 튀기면 발암물질인 아크릴아마이드가 만들어진다고 보고되었다. 결국 고온, 고압에서 조리하면 음식의 영양 성분끼리 상호 화학 반응을 일으켜 미처 예측하지도 못한 유해한 화합물들이 생길 수 있다. 따라서 센 화력, 높은 온도, 고압을 유지할 수 있는 조리 장치로 만든 음식이 아기한테도 좋을 리는 없다.

버터, 마가린, 식용유에 볶지 않는다
기름진 맛은 나중에 알게 하라!

● 기름진 맛에 길들어버린 아기는 다른 음식들은 모두 맛없게 느낀다. 돌 전의 아기들이 손에 유탕처리 과자를 손에 쥐고 있는 것도 문제지만 이유기가 지나자마자 기름에 볶은 스파게티와 볶음밥만 찾는 것은 더욱 큰 문제다. 아기들이 국수를 후루룩 후루룩 먹어치우는 모습이 부모들의 눈에는 너무나 신기하고 대견해 보일지 모르지만 이는 매우 잘못된 식사 방법이다.

또 엄마들은 각종 채소들을 다져놓은 볶음밥이나 채소전을 먹이면 골고루 잘 먹는 거라고 생각하지만 이것도 착각이다. 이 경우 아기들은 채소의 영양을 섭취하는 이점보다 기름에 맛을 들여 잘못된 식습관을 갖게 된다. 채소로 만든 전은 주식이 아닌 반찬으로 먹기 때문에 조금 줄 수 있을지 몰라도 버터나 마가린을 듬뿍 넣고 볶은 밥은 주식이 되기 때문에 더 큰 문제가 될 수 있다. 고소하고 좋은 기름을 먹이고 싶다면 고슬고슬하게 지은 밥에 참기름이나 들기름을 넣어 비벼 주거나 참깨, 들깨를 넣어 함께 밥을 퍼주는 것이 좋다.

또한 아기들이 먹고 있는 과자, 아이스크림, 빵, 피자, 햄버거 역시 절대로 기름으로부터 자유롭지 않다. 오메가-3 지방산이 풍부한 신선한 좋은 기름도 아닌, 오메가-6 지방산이 지나치게 많은 기름이나 트랜스 지방, 산패된 기름과 같이 변질된 기름 맛은 아기들이 가장 늦게 알아도 되는 맛이다.

오븐과 전자레인지는 사용하지 않는다
발암물질을 만들어서 먹이지 마라!

● 고온과 고압에서 오랜 시간 음식을 조리하면 음식의 영양 성분이 파괴될 뿐만 아니라 영양물질끼리 서로 화학 반응을 일으켜 변질된다. 오븐은 보통 180℃ 이상에서 30분~1시간을 조리한다. 전자레인지는 조리 시간은 짧지만 전자레인지의 전자파는 음식의 변성을 더 빨리 촉진하게 된다.

폼 나게 요리해주는 오븐과 빨리 조리해주는 전자레인지 안에서 도대체 무슨 일이 일어나는 것일까? 영양 성분의 파괴는 모든 식품의 조리 과정에서 발생할 수 있는 문제지만, 기름이 변질되어 과산화물질이 만들어지면 강력한 발암물질로 작용하게 된다. 오븐으로 요리할 때 과산화지질은 대량으로 만들어지고, 전자레인지에서는 거의 60배 이상이 증가하는 것으로 알려졌다. 편하고 빠르게 요리할 수 있다고 생각하는 문명의 이기가 건강을 해치고 있는 것이다.

음식을 조리할 때 쓰는 것은 물론, 고기나 부침, 전, 죽 등을 데우는 용도로도 전자레인지는 사용해서는 안 된다. 고온, 고압에서 만들어지는 트랜스 지방산은 신체 대사를 교란시키고 신체기능을 떨어뜨린다. 트랜스 지방이 많이 들어 있는 마가린이나 쇼트닝 등을 사용하면 비스킷이나 과자는 더 고소해진다. 전자레인지와 오븐으로 만드는 고소하고 바삭한 음식은 아기의 건강을 해치는 주범이다.

어른들의 음식을 만들기 전에 조금 덜어내어 만든다
아기의 이유식 재료를 따로 준비할 필요는 없다!

● 이유기를 시작하면서 가장 어려운 문제가 아기가 먹는 양이 너무 적다는 사실이다. 그때그때 아기의 이유식을 위해 재료를 준비하는 것이 쉬운 일은 아니다. 적은 분량은 조리하기가 더 힘들고 번거롭게 느껴지기도 하고, 어떤 때는 아기가 먹지도 않고 모두 남기거나 거부하는 경우도 많다.

따라서 아기의 이유식만을 위한 재료를 따로 준비할 필요는 없다. 현미와 잡곡에 대한 적응 기간이 지나고 나면 그때부터는 현미와 현미 찹쌀 60~70%, 잡곡을 섞은 현미오곡을 불려서 사용한다. 어른들의 식단에 현미오곡밥이 있다면 그대로 죽을 쑤어 먹여도 된다. 또 채소탕도 가족들의 식사를 준비할 때 천연조미료를 사용한 국이나 찌개의 국물을 넉넉히 준비해두었다가 아기 죽을 쑬 때 사용하면 간편하다. 밤, 잣, 호박, 두부와 같이 이유식을 위해 첨가할 만한 재료가 특별히 준비되어 있지 않다면 현미오곡에 집에 있는 채소를 다져넣어 죽을 쑤면 된다.

돌이 지나 아기들이 국이나 찌개, 반찬을 먹게 되면 가족들의 식사를 준비할 때 간을 하기 전, 미리 조금 덜어내어 아기 먹을거리를 준비하면 된다. 어른들이 먹는 국에서 간을 하기 전에 덜어두었다가 국물에 밥을 말아 먹이거나 된장찌개에서 호박이나 두부, 감자 같은 건더기를 건져서 으깨어줄 수도 있다.

이유식이 어려운 이유 중 하나가 번거로움이다. 가족의 식사를 따로 준비하고 아기의 이유식 재료만을 따로 준비하는 것보다 온 가족이 건강한 밥상을 가까이 한다면 아기의 이유식 준비도 간편해질 수 있다.

해동한 재료는 그날 모두 사용한다
해동과 냉동을 반복하면 재료의 신선도가 떨어진다!

● 이유식 재료를 냉동보관하면 냉장보관보다 보관 기간이 길어질 수 있다. 하지만 냉동고에 넣어 보관해도 세균은 여전히 번식할 수 있다. 계속 신선도를 유지할 수 있는 것은 아니므로 과신하면 위험하다. 냉장고에서 특히 잘 자랄 수 있는 균은 비스테리아균과 장염비브리오균이 있다. 이 두 가지 균은 식중독 균으로 장염 구토 설사와 같은 전형적인 식중독을 일으킬 수 있다.

만약 냉동한 육류를 해동하고 다시 냉동을 반복하면 다시 냉동되는 과정에서 상할 수도 있다. 한 번 사용한 양만큼 따로 보관하고 될 수 있으면 모든 재료를 그날 모두 사용하는 것이 좋다.

해동된 고기는 신선 냉장육보다 상할 가능성이 훨씬 높으므로 빠른 시간 안에 조리해야 한다. 냉동육을 해동시키는 방법 중 가장 바람직한 것은 요리하기 하루 전에 냉동육을 냉장실(0~5℃)로 옮겨놓고 서서히 해동될 때까지 기다리는 것이다. 급히 해동시킬수록 육즙 손실이 심해진다. 냉동과 해동이 반복될수록 조직이 파괴돼 물과 영양소가 빠져나온다. 이때 몸에 해로운 미생물들이 많아지므로 적당량을 냉동보관하고 그때그때 필요한 만큼만 해동하는 것이 좋다.

tip 이유식 냉동 테크닉

1. 작은 사이즈로 나누어져 있는 얼음용기를 이용한다
한 번 먹는 양이 적은 아기에게는 얼음용기에 담아 얼리는 것도 좋은 방법이다. 하지만 용기 자체에 뚜껑이 없어 표면에 냉동실 냄새가 스며들 수 있으니 주의한다.

2. 밀폐용기는 플라스틱보다 유리 재질로 만든 것이 좋다
냉동실에 보관하는 용기는 유리 재질로 만든 용기에 이유식을 담아야 환경 호르몬에서 안전하고 바로 해동이 가능해서 간편하다.

3. 한 번 먹을 분량만 냉동시키는 것이 좋다
너무 많은 양을 한꺼번에 냉동시키면 해동과 냉동을 반복해야 하므로 자칫 이유식이 상할 수 있다. 한 번 먹을 분량만 냉동시키는 것이 좋다.

월령에 따라
이유식 조리법도 다르다

이유식 초기 조리법(4~6개월)

● 4개월이 지나면 본능적으로 덩어리진 음식물을 혀로 밀어내는 반사적인 행동은 사라진다. 혀로 무조건 거부하는 시기를 지나 음식에 관심을 보이고, 침을 흘리거나 입으로 오물거리는 행동을 보이면 이유식을 본격적으로 시작할 시기가 된 것이다.

4개월은 아기가 숟가락에 적응하는 시기다. 이때 스테인리스 같이 차고 날카로운 느낌의 숟가락보다는 부드러운 느낌의 숟가락을 쥐어주는 것이 좋다.

젖의 양이 부족하거나 분유를 먹고 있는 아기들은 다른 아기들보다 좀더 빠른 시기에 이유식을 시작해야 한다. 모유가 부족한 아기들이 젖을 다 먹고 난 후에도 허기져 한다면 묽은 미음에 해당하는 이유식을 이때부터 먹일 수 있다. 분유를 먹는 아기도 빨리 분유를 떼기 위해서 이유식에 더 의존해야 한다. 분유를 빨리 떼면 뗄수록 아기한테는 좋다.

　　이유기 초기에는 면보에 짜거나 고운 체에 거르는 방법을 사용한다. 차츰 간 것을 그대로 먹이거나 으깨어 먹이다가 곱게 다지기, 거칠게 다지기, 작게 썰기 등으로 바꿔 조리한다. 이렇게 월령에 따라 조리법에 변화를 줘야 한다. 월령에 따라 죽의 농도가 진해지면서 밥알은 형체를 갖추고 유동식에서 완전 고형식으로 넘어가게 되는 것처럼, 채소를 사용할 때도 처음에는 체에 걸러서 사용하다가 차츰 으깨고 다지고 작게 썰어서 사용하도록 한다.

　　고운체에 거르거나 면보로 짜는 방법은 이유식 초기에 엄마의 젖과 같은

| 면보로 짠다 2 고운 체에 거른다

미음을 만들 때 사용한다. 죽을 묽게 쑤어 고운체에 으깨면서 내리면 고운 미음을 만들 수 있다. 고구마나 감자, 호박 같은 것을 먹일 때에도 삶아서 체에 내려 먹이는 게 좋다. 그래야 알맹이 없이 곱게 내려지기 때문에 아기가 부드럽게 먹을 수 있다.

그 다음으로 이유식 초기에 가장 많이 사용하는 방법이 가는 방법이다. 가는 방법에는 강판에 갈기와 믹서에 가는 방법이 있는데 재료가 무르거나 양이 적을 때는 강판에 갈고 재료가 많고 딱딱한 것을 갈 때는 믹서를 사용한다. 이유식 초기에 사용하는 단단한 재료 또한 도구에 갈면 잘 퍼져 아기가 먹을 수 있는 형태로 조리된다.

이유식 중기 조리법(7~8개월)

● 　좀더 걸쭉한 상태의 미음과 묽은 죽 사이의 이유식을 먹이면서 본격적으로 진죽을 먹는 과정이다. 빠른 아기들은 묽은 진죽을 거쳐 바로 진죽을 먹일 수도 있다. 채소탕을 불린 현미와 잡곡의 12배(현미와 잡곡이 각각 1큰술일 때 채소탕 12큰술) 정도로 넣어 현미묽은진죽을 쑤어 먹인다. 묽은죽에 익숙해지면 감자, 당근, 애호박, 밤, 단호박, 고구마와 같은 재료들을 조금씩 넣어가면서 다양한 맛을 경험하고 자연식품의 영양분도 즐길 수 있게 해준다.

간식은 굳이 줄 필요가 없다. 어쩌다 가끔 먹이거나 간식이 필요하다면 이유식 횟수를 늘리는 게 좋다. 간식은 사과나 배 자른 것, 딱딱하지 않은 과일, 감자나 당근, 고구마, 호박을 잘게 썰어 무르게 익혀 먹인다.

이 시기가 되면 이가 조금씩 나오기 시작하는데 이가 나와도 바로 씹을 수는 없다. 아직 아기는 입 천장과 혀를 이용해서 음식을 먹기 때문에 스스로 혀를 사용해 으깨 먹을 수 있는 연한 두부 정도의 굳기가 좋다. 따라서 미음보다는 물의 양을 줄여서 12배 정도의 걸쭉한 죽을 만들어준다.

이때 으깨는 방법을 이용하는 것이 바람직하다. 으깨는 방법은 이유식 중기에 가장 많이 사용하는 방법으로 나무 주걱이나 큰 숟가락, 칼 등을 사용하게 된다. 단단한 재료들은 믹서에 대충 갈아서 으깨면 더 빨리 으깨진다. 양이 적을 때는 직접 그릇에 넣고 큰 숟가락으로 으깨도 된다.

7개월에는 혀로도 쉽게 으깨지는 연하고 무른 것을 주고 8개월이 되면 손

| 나무 주걱이나 큰 숟가락을 사용해 으깬다. 2 단단한 재료는 믹서에 살짝 갈아 먹인다.

으로도 집어 먹을 수 있는 정도의 된 것을 준다. 이 시기는 음식의 맛과 향, 질감을 느끼면서 본격적으로 식습관을 익히는 시기이므로 잘고 곱게 썰어 푹 무른 것을 주면 된다. 아기가 생후 7~8개월이 되면 과일도 강판에 갈아 더이상 떠먹여주지 않아도 된다. 손에 쥘 수 있을 만큼 썰어서 손에 쥐어주면 앞니로 갈고 혀로 녹여서 먹기 시작한다. 먹는 양이 적어도 손가락을 움직이고 쥐면서 음식을 먹는 훈련을 하는 것이 중요하다. 하지만 너무 작은 덩어리를 주거나 잇몸으로 끊어낸 작은 덩어리가 그대로 넘어가 사레가 걸릴 수 있으니 조심하면서 줘야 한다.

이유식 후기 조리법(9~11개월)

● 　아기의 이유식이 진죽에서 된죽으로, 된죽에서 진밥으로 이행하는 시기는 아기의 발달 상태와 소화, 배설 상태를 잘 고려해서 조절하는 것이 중요하다. 특히 진죽에서 바로 진밥을 먹으려고 하는 아기도 있는데, 이때는 엄마가 자연스럽게 된죽과 같은 일품 요리도 해주고, 진밥과 반찬을 따로 먹이면서 이유식에서 유아식으로 넘어가는 훈련을 해주면 된다.

　모유는 하루에 한두 번 정도만 준다. 또한 이 시기에는 젖을 뗄 준비를 차츰 해야 한다. 젖을 줄이고 하루 세 끼 식사를 규칙적으로 하기 위한 본격적인 훈련을 시작하는 때이다.

　이 시기가 되면 이와 혀로 모든 것을 오물오물 먹게 된다. 밥알이 제대로 살아 있는 된죽을 먹으면서 모든 채소들을 다 씹어서 먹을 수 있게 된다. 현미잡곡채

1 채소는 완전히 으깨지지 않을 정도로 좀더 굵게 다진다 2 손가락이나 숟가락으로 가볍게 으깰 수 있는 진밥이 좋다

소된죽은 불린 현미와 잡곡으로 채소탕을 10~8배 넣어 죽을 쑤고 사용하는 채소의 양이 많아지면 물의 양을 조절하면서 적당히 넣는다. 채소는 이제 완전히 으깨지지 않을 정도로 좀더 굵게 다지고 가짓수도 늘리면서 다양한 채소를 먹을 수 있도록 해준다.

혀를 자유롭게 사용할 수 있고 본격적으로 씹는 연습을 해야 하므로 손가락이나 숟가락으로도 가볍게 으깰 수 있는 된죽 정도가 적당하다. 거의 어른 음식과 비슷해보이지만 절대 간을 해서는 안 된다. 알레르기를 유발하는 음식은 물론 소금, 설탕 그리고 식용유 같은 유지류 또한 아기에게는 해롭다는 것을 잊지 말아야 한다. 좋아하는 맛과 양도 조절 못하는 아기에게 감미료를 첨가한다면, 편식으로 이어져 소아비만이나 당뇨 등 심각한 질환을 초래할 수 있다.

이유식 완료기&유아식 조리법(12~24개월)

●　　이유식 완료기와 유아식은 제대로 된 밥을 먹게 되는 시기다. 질축하게 지은 밥과 어른들이 먹는 반찬 중 간이 덜 된 부드러운 반찬은 모두 먹을 수 있다. 어른들 식사를 준비하면서 마지막 간을 하기 전에 조금 덜어내어 아기 반찬을 준비하면 된다.

　　딱딱한 음식은 좀더 익히고 덩어리가 큰 것은 잘게 자르거나 부숴준다. 또한 맵고 싼 자극적인 양념은 넣지 않는다. 김치는 발효식품으로 아기의 소화를 돕고 장의 생태계도 건강하게도 해준다. 아기도 이 시기에는 김치를 먹는 훈련을 하게 된다. 맵고 짜지 않게 아기 김치를 담가 떠먹이거나 씹어 먹을 수 있도록 잘게

1 덩어리가 큰 것은 잘게 자른다　2 딱딱한 음식은 좀더 익힌다

썰어준다.

이 시기에는 체에 거르고 갈고 으깨는 방법을 지나 본격적으로 덩어리진 음식을 먹어야 하는데, 이때 다지고 작게 써는 조리법을 써야 한다. 잘 다지는 방법은 일단 곱게 채를 썰고 다시 가로로 눕혀 곱게 썬 다음 왼손으로 칼끝을 고정시키고 오른 손으로는 칼을 좌우로 왔다 갔다 하면서 다지면 쉽게 다져진다. 또 여러 각도에서 칼날을 내려치듯 다져도 된다. 덜 다지게 되면 작게 써는 것이 되는데 이유기가 끝날 때까지가 아니라 아기의 치아와 턱 기능이 원활해질 때까지는 작게 써는 방법을 쓰는 것이 좋다.

이유식의 기본, 쌀죽 끓이는 법

● 　본격적인 이유식 메뉴를 시작하기 전에 알아야 할 두 가지 음식이 있다. 바로 쌀죽과 채소탕이다. 이 두 가지 음식만 숙지해두면 그 다음에는 다양하게 응용만 하면 된다.

쌀죽은 일단 현미쌀을 5시간 이상 불린다. 처음에는 이유식에 사용하는 분량이 너무 적기 때문에 이틀분의 현미쌀을 불려서 물기를 뺀 뒤 밀폐용기에 담아 냉장고에 넣어두었다 사용한다. 또 가족들의 현미잡곡밥을 지을 때 조금 덜어서 사용한다.

불린 현미쌀을 분쇄기에 갈거나 절구에 빻는다. 처음 시작하는 현미미음은 아주 곱게 갈고 미음 같은 현미묽은죽을 시도할 때는 반쯤 갈고 현미진죽을 만들 때는 통째로 쓰거나 대충 갈아쓰고 현미된죽을 쑬 때는 갈지 않고 쓴다.

　　작은 냄비에 간 현미쌀을 담고 월령에 맞는 죽의 농도에 맞게 물을 부어 끓인다. 일단 끓기 시작하면 물을 줄여 약한 불로 죽이 퍼질 때까지 30~50분 정도 나무 주걱으로 저어준다. 죽은 일단 끓어 넘치면 맛이 없고, 물이 부족해 중간에 물을 더 부으면 맛도 영양도 없어진다. 끓어 넘치지 않고 냄비 바닥에 눌어붙지 않도록 주의해야 한다.

　　처음 시작하는 현미미음은 곱게 간 쌀이라고 하더라도 체에 다시 한 번 내린 다음 먹인다. 불린 현미쌀을 삶아서 죽을 쑤는 것이 가장 좋고 물의 농도를 조절해서 죽을 쑨 다음 체에 거르거나 밥알을 으깨어 사용한다.

　　처음에는 현미만으로 미음과 죽을 쑤어 먹이고, 아기가 익숙해지면 잡곡을 한 가지씩 섞어가면서 가짓수를 늘려간다. 현미를 먹고 난 아기들은 쉽게 알레르

1 현미쌀을 5시간 이상 불린다 2 불린 현미쌀을 분쇄기에 갈거나 절구에 빻아 사용한다 3 작은 냄비에 빻은 현미쌀을 담고 끓기 시작하면 물을 줄여 약한 불로 죽이 퍼질 때까지 30~50분 정도 나무 주걱으로 저어준다

기에 걸리지 않지만 아기들이 잘 적응하는지 먹는 양과 대변 양, 대변횟수를 지켜보면서 한 가지씩 더해간다.

미처 현미쌀을 불려놓지 못했다면 때론 현미밥으로 죽을 쑤어서 먹일 수도 있다. 하지만 맛과 영양은 물론 신선함도 덜하다. 그래도 현미쌀로 죽을 쑤는 것보다 빨리 되기 때문에 미처 준비하지 못했거나 다른 집에 방문했을 때, 혹은 급할 때 사용할 수 있다.

현미밥으로 죽을 쑬 때는 물은 절반 정도만 넣으면 되고 일단 끓고 나면 불을 줄여 약한 불에서 은근히 끓이면 된다. 밥알이 부드럽게 퍼지고 밥물이 걸쭉해지기 시작하면 체에 거르거나 월령에 따라 적당히 으깨서 먹이면 된다.

맛 좋고 영양가 높은 채소탕 끓이기

● 다시마, 멸치, 각종 채소와 버섯으로 천연조미료를 만들자. 천연조미료, 채소탕을 사용하면 죽의 맛도 좋아지고 영양도 높아진다. 초기 현미미음을 시작할 때는 물로 미음을 쑤는 것부터 시작하지만, 미음에 익숙해져서 아기가 죽을 먹기 시작할 때쯤에는 채소탕을 사용하는 게 좋다.

처음에는 다시마만 우려 미음을 쑤고, 다음에는 채소의 가짓수를 늘려나간다. 국물멸치도 함께 우려서 사용하고 월령이 높아짐에 따라 진한 채소탕을 사용한다.

다시마와 멸치를 끓인 물에 양배추, 무, 감자, 당근, 양파와 같이 집에 있는

재료 | 국물멸치 5마리, 다시마 사방 10cm 1장, 무, 양파, 양배추 등 각종 채소

1 멸치를 다듬어 놓는다. 멸치의 대가리와 멸치 내장을 뺀다

2 마른 냄비에 1의 멸치를 볶아 비린 맛을 없앤다

3 물에 씻은 다시마를 생수에 30분 정도 담가 우리고, 2의 멸치에 붓고 끓인다

4 준비한 채소를 넣어 끓인다. 채소의 맛이 우러나면 면보에 걸러 채소 국물을 받는다

5 다시마와 국물멸치, 채소의 양을 충분히 넣어 진하게 끓인 후 얼음용기에 넣어 얼려두었다가 한두 조각씩 꺼내 사용한다.

채소와 버섯류를 함께 넣어 끓인다. 버섯은 사용하지 않아도 된다. 버섯의 다당체
는 아기의 면역기능을 자극하지만 향이 너무 강하기 때문에 자칫 아기가 이유식
자체를 싫어할 수도 있다.

멸치는 머리와 내장을 제거한 다음 마른 냄비에 볶아 비린 맛을 없애준다.
다시마도 다시마 표면의 하얀 분가루를 제거하면서 깨끗하게 물로 씻어 생수에
30분 정도 담가놓는다. 비린 맛을 없앤 볶은 멸치에 다시마를 넣어 우린 물을 붓
고 끓인다. 끓이다가 준비한 채소를 넣고 20분 정도 더 끓여 국물 맛이 진해지면
면보에 거른다.

천연조미료와 채소탕은 아기 이유식뿐만 아니라 평소 집에서 반찬이나 찌

개를 만들 때도 다양하게 사용할 수 있다. 따라서 한 번 만들 때 넉넉하게 만들어 두었다 가족들을 위한 식사를 준비하면서 국이나 찌개, 조림을 할 때 국물로 사용하면 좋다.

tip 시기별 이유식 농도 익히기

아기들 이유식의 목적은 유동식에서 고형식으로 옮겨가면서 어른들이 먹는 모든 덩어리진 음식을 먹을 수 있게 하는 데 있다. 따라서 아기가 젖이나 분유 같은 상태의 곡물 미음에서 덩어리진 곡물과 채소를 모두 먹을 수 있게 하면 된다.
아기의 월령에 따라 이유식을 시작하는 시기와 물의 농도를 조절하도록 권장하기는 하지만 아기에 따라 시작하는 시기와 이유식의 농도, 이유식의 양이 달라질 수 있다.

5~6개월
▶ 미음기(물같이 주르륵 흐르는 상태)

7~8개월
▶ 묽은 진죽기(걸쭉한 미음 같은 죽)

9~10개월
▶ 진죽기(밥알이 보이는 물기 많은 죽)

11~12개월
▶ 된죽기(밥알이 살아 있는 물기 적은 죽)

12개월 이상
▶ 진밥기(질죽하게 지은 밥)

꼭 필요한 조리도구와 간단한 재료 계량법

꼭 필요한 조리도구 Best 8

 **면보** 맑은 국물을 거를 때, 과즙을 낼 때, 푹 삶은 재료를 으깰 때 편리하게 사용할 수 있다

 **믹서** 딱딱한 재료를 갈 때 필요한 조리도구. 절구를 이용하는 것보다 빠르고 미세하게 갈 수 있고 시간도 절약할 수 있다

 **강판** 적은 양을 간편하게 갈 수 있다. 과일 등 이유식 재료의 영양소 파괴를 줄일 수 있다

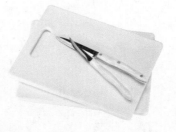 **도마** 도마는 아기용으로 따로 마련하는 것이 좋다. 우유팩을 씻어 말린 것을 펼쳐놓고 쓰는 것도 괜찮다

 **체** 강판에 거칠게 간 재료, 삶은 재료를 거를 때 쓰는 도구. 부드러운 이유식을 먹여야 하는 이유식 초기에 꼭 필요하다

 **손잡이 냄비** 이유식의 경우 적은 양을 조리해야 하므로 눌어붙기 쉽다. 따라서 작고 손잡이가 두꺼운 냄비를 사용하는 것이 좋다

 **손절구** 아기의 경우 먹는 양이 적기 때문에 그때그때 작은 절구를 이용해 빻는 것이 좋다. 불린 곡류를 빻을 때 유용하다

 **계량컵** 조리 시 물의 양 등을 가늠하기 어려울 때 사용하면 유용하다

재료별 100g은 얼마나 될까?

두부 한 모의 1/4 정도

양파 큰 것의 1/2 정도

무 지름 7cm, 3~4cm 두께 정도

배추는 작은 잎 두 장 정도

오이 중간크기 1개 정도

애호박 큰 것의 1/4 정도

감자 중간 크기 1개 정도

계란 2개 정도

당근 중간 크기로 2/3 정도

콩 말린 것 3/4컵 정도

1컵: 180~200cc(200ml 우유팩의 삼각형 부분을 뺀 밑부분)

1큰술: 10~15cc(일반 어른용 숟가락으로 잴 때 수북하게 한스푼 정도)

1작은술: 5cc(일반 어른용 숟가락으로 잴 때 반스푼이나 티스푼 하나 정도)

초기 ▶ 4개월:적응기

 이유식을 처음 시작하는 시기다. 이 시기에는 이유식을 통해 영양을 섭취한다기보다는 아기가 모유나 분유가 아닌 새로운 음식에 대한 적응을 시작하는 때다.

대체로 본격적인 이유식은 생후 5개월을 전후해서 몸무게가 6~7kg이 되면 시작한다. 하지만 아기의 상태에 따라서 시작 시기와 양은 달라질 수 있다. 이쯤 되면 아기가 목과 머리를 가누는 시기라서 자신의 의사를 표현할 수 있게 된다. 목과 입, 혀의 근육이 발달하면서 아기는 음식을 거부할 때 고개를 돌릴 수도 있고 혀로 밀어낼 수도 있다.

이유식의 시기를 결정할 때 중요한 것은 아기의 체중이나 월령이 아니라 아기의 발달 상태다. 아기에 따라 좀 이른 아기, 늦된 아기가 있지만 좀 늦다고 부모가 초조해하면 안 된다. 아기마다 다른 속도로 크는 게 자연스럽고 표준 성장치는 단지 참고 항목일 뿐이다.

일반적으로 4개월쯤 되면 아기에게 한 찻숟가락씩 곡물 이유식과 과즙 정도를 준다. 현미미음이나 과즙도 처음에는 한 찻숟가락부터 시작해서 한두 숟가락 정도로 늘려갈 수 있다. 하지만 과즙보다는 미음이 더 좋다. 과즙을 자주 주면 아기들이 단맛만 좋아할 수 있다. 하지만 생후 4개월이라는 시기는 절대적으로 모유와 분유를 통해서 영양을 섭취해야 하는 시기이다.

> **이 시기에 주의할 점**

● 이유식을 4개월 전에 너무 빨리 시작해서는 안 된다
4개월이 되지 않은 아기들은 위장의 기능이 미숙하기 때문에 소화 효소를 제대로 분비하지 못한다. 따라서 음식을 완전히 소화시키기 어려워 체하거나 토하고 설사를 할 수도 있다. 아기들이 이유식을 통해 자꾸 불편함을 느끼면 오히려 이유식을 제대로 할 수 없으므로 절대 너무 일찍 시작하지 말자.

● 혀로 음식을 밀어내도 당황하지 않는다

아기는 엄마의 젖에 익숙하기 때문에 아무리 아기용 숟가락이라도 낯설 수밖에 없다. 또 달콤한 분유를 먹던 아기들이 미음이나 과즙을 더 맛있게 먹기도 쉽지 않다. 아기가 얼굴을 찡그리며 싫어하는 내색을 하면 이유식을 며칠 쉬었다가 다시 시작하면 된다. 아기가 목이 많이 마르거나 젖을 먹고도 배가 고픈 것처럼 보일 때 시작하는 것도 요령이다.

● 이유식은 너무 늦어도 안 되고 늦었다고 서두르지도 않는다

이유식은 나중에 시작할수록 더 어려워진다. 덩어리진 음식들은 모두 토하거나 구역질을 하게 되고, 숟가락이나 컵 같은 것에는 관심도 갖지 않으면서 엄마 젖이나 젖병만 고집하게 된다. 이렇게 이미 음식 먹는 습관이 굳어지면 아기는 쉽게 먹을 수 있는 부드럽고 먹기 편한 유동식만을 고집하기 쉽다. 그러면 살은 찌지만 신체 기관에 자극은 일어나지 않아 허약한 아기가 된다.

● 이유식으로 적당하지 않은 과일들이 있다

수박이나 참외, 토마토와 같이 성질이 차서 위장기능을 떨어뜨린다. 또한 딸기나 복숭아는 알레르기를 많이 일으키므로 이런 과일들은 처음부터 주지 않는다. 오렌지와 바나나 같은 수입과일도 주지 않는다. 수입 과일들이나 열대 과일처럼 성질이 차서 위장의 기능을 떨어뜨리는 과일 역시 피해야 한다.

125

현미응이

재료 | 불린 현미 1큰술, 생수 1과 1/2컵

만드는 법

1 현미는 깨끗이 씻어 물에 5시간 이상 충분히 담가 불린다.

2 불린 현미를 손절구를 이용해서 곱게 빻는다.

3 냄비에 2의 현미를 담고 볶다가 생수를 부어 40분 이상 저어
  가면서 약한 불에서 끓인다.

4 현미가 완전하게 퍼지면 고운 면보를 받치고 현미물만 내려
  현미응이를 한김 식혀 먹인다.

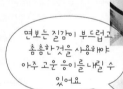

면보는 질감이 부드럽고
촘촘한 것을 사용해야
아주 고운 응이를 내릴 수
있어요

사과즙

재료 | 사과 1/4개

만드는 법

1 사과는 깨끗이 씻어 껍질을 벗기고 강판에 곱게 간다.

2 고운 면보에 사과 간 것을 담고 즙만 짜서 먹인다.

과실의 즙을 짤때는 인조로 된 거즈로 짜야 알갱이 없이 과즙만 짤 수 있어 좋아요

사과즙

배즙

배즙

재료 | 배 1/4개

만드는 법

1 배는 껍질을 벗기고 강판에 곱게 간다.

2 고운 면보에 간 배를 넣어 즙만 짜서 먹인다.

초기 ▶ 5~6개월:미음기

 떠먹는 훈련을 통해 새로운 음식을 목으로 넘기는 것을 배우는 시기. 처음에는 주르륵 흐르는 상태의 농도로 시작해 점차 걸쭉하게 농도를 맞춰가는 것이 좋다. 알레르기에 대비해 곡물 위주로 시작하는 것이 좋다.

본격적으로 이유기에 들어가는 시기로 물같이 주르륵 흐르는 상태의 미음부터 시작한다. 현미미음은 5시간 이상 불린 현미로 15배죽을 쑤어 체에 거른 다음 준다. 차츰 현미미음도 밥알을 으깨어 뚝뚝 떨어질 정도의 농도로 된 미음을 주면서 음식의 농도를 조절한다. 현미는 일반 흰쌀로 미음을 쑬 때보다 물이 많이 필요하기 때문에 충분히 불린 다음에도 물을 충분히 넣어 미음을 쑤어야 한다.

현미미음을 먹이다가 차조나 기장조와 같은 잡곡을 한 가지씩 늘려나간다. 채소도 한 가지씩 넣어보고 다음에는 현미와 잡곡, 채소 모두를 한꺼번에 넣고 미음을 만들어 먹인다.

이 시기가 되면 제철의 과일을 강판에 바로 으깨어 먹일 수도 있다. 처음 시작은 아기 공기 1/3 정도의 분량을 오전 10시쯤 젖 먹이기 전에 한 번 먹여본다. 오전에 먹이는 이유는 만약 아기가 심한 알레르기 반응을 일으킬 경우 대응할 수 있는 여유가 있기 때문이다. 하지만 이런 경우는 거의 없다. 첫 이유식을 곡물 이유식으로 하는 경우 아기들은 대체로 알레르기를 일으키지 않는다. 알레르기를 일으키는 성분은 대부분 단백질이 많은 식품이므로 단백질이 많은 육류나 생선, 해산물은 물론 단백질이 많은 밀가루나 귀리 같은 곡물을 주면 안 된다.

이 시기에 주의할 점

● 미음기의 초기와 후기는 다른 이유식을 줘야 한다

처음에는 한 가지 곡물 미음으로 시작하고 나중에는 여러 가지 잡곡미음이나 채소를 넣어 먹이는 게 좋다. 채소를 한 가지씩 늘려가면서 미음기 후기에는 현미잡곡채소미음과 같이 모든 재료를 넣고 농도만 묽게 해서 주면 된다. 이 시기에는 이유식의 양이 문제가 아니라 떠먹는 음식에 적응하는 것이 중요하다. 아기의 위장에 부담을 주지 않고 먹을 수 있는 식품들을 확인하는 시기다.

● 과일은 강판에 갈아 먹인다

과일은 껍질째 통째로 씹어 먹는 것이 좋다. 과일의 껍질에는 비타민과 각종 생리 활성물질들이 있다. 과일을 먹는 가장 나쁜 방법 중 하나가 믹서에 갈아 먹는 것이다. 갈아 마시게 되면 비타민이 파괴되고 섬유질이 모두 제거되기 때문에 혈당 흡수가 촉진된다. 결국 과일 주스는 설탕물을 먹이는 것과 다르지 않다. 갈아 마시는 것보다는 강판에 갈아 먹을 때, 강판에 갈아 먹는 것보다는 통째로 씹어 먹을 때 혈당이 천천히 올라간다.

● 고기로 육수를 만들거나 사골국을 끓여 먹여서는 안 된다

많은 이유식 책들에서 생후 6개월이 되면 고기를 육수가 아닌 갈아서 먹일 것을 권장하고 있다. 빈혈을 예방하기 위한 목적이라고 설명하지만 오히려 제대로 성장하지도 못한 아기의 면역 체계만 방해할 뿐이다. 사골국도 마찬가지다. 칼슘은 녹아나오지 않고 포화 지방과 엉겨버린 콜라겐 단백질만 섭취하게 된다. 포화 지방과 단백질은 아기의 위장기능을 떨어뜨릴 뿐이다.

129

현미미음

재료 | 현미2큰술, 다시마(사방 5cm) 넣어 우린 물4컵

만드는 법

1 현미는 깨끗이 씻어 물에 5시간 정도 충분하게 불려 물기를 뺀
  다음 손절구에 넣고 곱게 빻는다.

2 냄비에 빻은 현미를 담고 볶다가 다시마 사방 5cm 길이를 넣어
  서 우린 물을 부어 약한 불에서 은근하게 1시간 이상 끓인다.

3 고운 체에 현미죽을 담고 숟가락으로 으깨면서 미음을 내린다.
  한김 식혀 먹인다.

현미기장미음

(잡곡 비율 : 현미 9, 잡곡 1)

재료 | 현미 2큰술, 기장조 1/2작은술, 다시마(사방 5cm) 넣어 우린 물 4와 1/2컵

만드는 법

1 현미는 깨끗이 씻어 물에 5시간 정도 충분하게 불려 물기를 뺀 다음 손절구에 넣고 빻는다.

2 기장조도 깨끗이 씻어 1시간 정도 불린다.

3 냄비에 현미와 기장조를 담고 볶다가 다시마 우린 물을 부어 약한 불에서 은근하게 1시간 정도 끓인다. 끓이는 중간에 기장조가 으깨지도록 숟가락으로 으깨면서 끓인다.

4 고운 체에 3을 넣고 숟가락으로 내려 식혀 먹인다.

현미수수미음

(잡곡 비율 : 현미 9, 잡곡 1)

재료 | 현미 2큰술, 수수 1/2작은술, 다시마(사방 5cm) 넣어 우린 물 4와 1/2컵

만드는 법

1 현미는 깨끗이 씻어 물에 5시간 정도 충분하게 불려 물기를 뺀 다음 손절구에 넣고 빻는다.

2 수수는 빨간 물이 나오지 않을 정도로 씻은 후에 잠시 불렸다가 손절구에 넣고 빻는다.

3 냄비에 현미와 수수를 담고 볶다가 다시마 우린 물을 부어 약한 불에서 은근하게 1시간 정도 끓인다.

4 고운 체에 3을 담고 숟가락으로 내려 식혀 먹인다.

현미기장미음　　　　　　　　　현미수수미음

현미와 차조는 냄비에
아무것도 넣지 않고 차조와 현미의
자체 수분만 이용해 볶으세요.
이렇게 해야 더 위생적으로
미음을 만들 수 있어요

현미차조미음
(잡곡비율 : 현미 9, 잡곡 1)

재료 | 현미 2큰술, 차조 1/2작은술, 다시마(사방 5cm) 넣어 우린 물 4와 1/2컵

만드는 법

1 현미는 깨끗이 씻어 물에 5시간 정도 충분하게 불려 물기를 뺀 다음 손절구에 넣고 곱게 빻는다.

2 차조도 깨끗이 씻어 1시간 정도 불린다.

3 냄비에 현미와 차조를 담고 볶다가 다시마 우린 물을 부어 약한 불에서 은근하게 1시간 정도 끓인다. 끓이는 중간에 차조가 으깨지도록 숟가락으로 으깨가면서 끓인다.

4 고운 체에 3을 넣고 숟가락으로 내려 한김 식혀 먹인다.

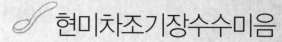

현미차조기장수수미음

(잡곡비율 : 현미 8 나머지 잡곡 2)

재료 | 현미2큰술, 차조1/2작은술, 기장조1/2작은술, 수수1작은술, 다시마 우린 물5컵

만드는 법

1 현미는 깨끗이 씻어 물에 5시간 정도 충분하게 불려 물기를 뺀 다음 손절구에 넣고 곱게 빻는다.

2 차조와 기장조는 씻어 물에 담가 불린다. 수수는 빨간 물이 나오지 않을 때까지 씻은 후에 물에 불려 손절구에 넣고 빻는다.

3 냄비에 현미와 차조, 기장조, 수수를 담고 다시마 우린 물을 부어 약한 불에서 은근하게 1시간 이상 끓인다.

4 고운 체에 3의 죽을 담고 숟가락으로 으깬 후 내려 한김 식혀 먹는다.

현미감자미음

재료 | 현미 2큰술, 감자 1/4개
(다시마 채소 국물) 다시마(사방 5cm) 1장, 무 10g, 양배추 1장, 양파 1/4개, 물 7컵

만드는 법

1 현미는 깨끗이 씻어 물에 5시간 정도 충분하게 불려 물기를 뺀 다음 손절구에 넣고 곱게 빻는다.

2 감자는 껍질을 벗겨 찜기에 찌고, 뜨거울 때 으깬다.

3 냄비에 물을 붓고 무, 양배추, 양파를 잘게 썰어 넣어 끓인 후에 다시마를 넣어 5분간 끓인다. 채소 국물을 만들어 면보에 걸러 맑은 국물이 5컵이 되도록 받는다.

4 냄비에 빻은 현미와 찐 감자를 넣어 볶다가 3의 다시마 채소 국물을 부어 약한 불에서 은근하게 1시간 이상 끓인다.

5 고운 체에 4를 넣고 숟가락으로 내려 미음을 먹인다.

현미당근미음

현미애호박미음

현미당근미음

재료 | 현미 2큰술, 당근 1/5개
(다시마 채소 국물) 다시마(사방 5cm) 1장, 무 10g, 양배추 1장,
양파 1/4개, 물 7컵

만드는 법

1 현미는 깨끗이 씻어 물에 5시간 정도 충분하게 불려 물기를 뺀
다음 손절구에 넣고 곱게 빻는다.

2 당근은 껍질을 벗기고 아주 곱게 다진다.

3 냄비에 물을 붓고 무, 양배추, 양파를 잘게 썰어 넣어 끓인 후에
다시마를 넣어 5분간 끓인다. 채소 국물을 만들어 면보에 걸러
맑은 국물이 5컵이 되도록 받는다.

4 냄비에 빻은 현미와 다진 당근을 넣어 볶다가 3의 다시마 채소
국물을 부어 약한 불에서 은근하게 1시간 이상 끓인다.

5 고운 체에 4를 넣고 숟가락으로 내려 미음을 먹인다.

현미애호박미음

재료 | 현미 2큰술, 애호박 1/4개
(다시마 채소 국물) 다시마(사방 5cm) 1장, 무 10g, 양배추 1장,
양파 1/4개, 물 7컵

만드는 법

1 현미는 깨끗이 씻어 물에 5시간 정도 충분하게 불려 물기를 뺀
다음 손절구에 넣고 곱게 빻는다.

2 애호박은 반을 잘라 씨를 긁어내고 아주 곱게 채 썬다.

3 냄비에 물을 붓고 무, 양배추, 양파를 잘게 썰어 넣어 끓인 후에
다시마를 넣어 5분간 끓인다. 채소 국물을 만들어 면보에 걸러
맑은 국물이 5컵이 되도록 받는다.

4 냄비에 빻은 현미와 채 썬 애호박을 넣어 볶다가 3의 다시마 채
소 국물을 부어 약한 불에서 은근하게 1시간 이상 끓인다.

5 고운 체에 4를 넣고 숟가락으로 내려 미음을 먹인다.

현미양배추미음

재료 | 현미2큰술, 양배추1장(사방 15cm)
(다시마 채소 국물)다시마(사방 5cm)1장, 무10g, 양배추1장,
양파1/4개, 물7컵

만드는 법

1 현미는 깨끗이 씻어 물에 5시간 정도 충분하게 불려 물기를 뺀
  다음 손절구에 넣고 곱게 빻는다.
2 양배추는 굵은 심지를 도려내고 곱게 채 썬다.
3 냄비에 물을 붓고 무, 양배추, 양파를 잘게 썰어 넣고 끓인 후에
  다시마를 넣어 5분간 끓인다. 채소 국물을 만들어 면보에 걸러
  맑은 국물이 5컵이 나오도록 받는다.
4 냄비에 빻은 현미와 채 썬 양배추를 넣어 볶다가 3의 다시마 채
  소 국물을 부어 약한 불에서 은근하게 1시간 이상 끓인다.
5 고운 체에 4를 넣고 숟가락으로 내려 미음을 먹인다.

현미감자애호박당근
양배추미음

재료 | 현미2큰술, 감자1/8개, 애호박1/8개, 당근1/8개, 양배추
1/2장
(다시마 채소 국물)다시마(사방 5cm)1장, 무10g, 양배추1장,
양파1/4개, 물7컵

만드는 법

1 현미는 깨끗이 씻어 물에 5시간 정도 충분하게 불려 물기를 뺀
  다음 손절구에 넣고 곱게 빻는다.
2 감자와 당근은 껍질을 벗겨 함께 곱게 다진다. 애호박과 양배추
  는 곱게 채 썬다.
3 냄비에 물을 붓고 무, 양배추, 양파를 잘게 썰어 넣고 끓인 후에
  다시마를 넣어 5분간 끓인다. 채소 국물을 만들어 면보에 걸러
  맑은 국물이 5컵이 나오도록 받는다.
4 냄비에 빻은 현미와 감자, 당근, 애호박, 양배추를 넣어 충분하
  게 볶은 후에 3의 채소 국물을 부어 약한 불에서 1시간 이상 저
  으면서 죽을 쑨다.
5 고운 체에 4를 넣고 숟가락으로 내려 미음을 먹인다.

현미양배추미음

현미감자애호박당근양배추미음

사과즙

배즙

홍시즙

사과즙

재료 | 사과1/4개
만드는 법
1 사과는 껍질을 벗기고 강판에 곱게 갈아 그대로 먹인다.

 # 배즙

재료 | 배1/4개
만드는 법
1 배는 껍질을 벗기고 강판에 곱게 갈아 그대로 먹인다.

 # 홍시즙

재료 | 홍시1/2개
만드는 법
1 잘 익은 홍시는 껍질을 벗기고 씨와 씨방을 없앤다.
2 도마에 올려 잘게 다진 홍시를 베보자기에 넣어 손으로 즙만 짜
  서 먹인다.

현미잡곡채소미음

재료 | 현미2큰술, 기장조1/2작은술, 차조1/2작은술, 수수1/2 작은술, 감자1/8개, 애호박1/8개
(다시마 채소 국물)다시마(사방 15cm)1장, 당근1/8개, 양배추 1장, 양파1/4개, 무10g, 물7컵

만드는 법

1 현미와 기장조, 차조는 깨끗이 씻어 물에 5시간 이상 충분하게 불려 물기를 뺀 다음 손절구에 넣고 곱게 빻는다.

2 수수는 빨간 물이 나오지 않을 정도로 씻은 후에 손절구에 넣고 빻는다.

3 감자와 애호박은 곱게 채 썬다.

4 냄비에 다진 당근과 양배추, 양파, 무를 넣어 생수를 붓고 끓이다가 다시마를 넣어 5분 정도 더 끓인다. 진한 채소 국물 5컵을 만들어 체에 걸러놓는다.

5 냄비에 현미와 잡곡, 채소를 모두 담고 볶다가 4의 채소 국물을 부어 약한 불에서 은근하게 1시간 이상 끓여 죽을 쑨다.

6 고운 체에 5를 넣고 숟가락으로 으깨 미음을 먹인다.

중기 ▶ 7~8개월 : 묽은 진죽기

 본격적으로 음식의 질감을 익히는 시기로 모유에서 이유식으로 옮기는 시기다. 음식이나 식기에 대한 관심이 높아지므로 이유식과 친해질 수 있도록 하는 것이 중요하다. 아직 씹는 능력이 없기 때문에 무른 음식을 준다.

이 시기에는 젖니가 나면서 씹고 싶어 하는 욕구가 생긴다. 잇몸과 턱의 힘도 생기고 혀의 운동도 활발해진다. 혀가 앞뒤뿐만 아니라 위아래로 움직이기 시작한다. 이때부터 적극적으로 혀와 잇몸, 위턱을 사용해서 건더기를 부수고 으깨서 먹기 시작한다.

이유식 중기는 아기가 본격적으로 음식의 질감을 익히는 시기이고 이유식의 양도 늘기 시작한다. 턱과 잇몸에 힘이 생기고 혀의 운동이 활발해지면서 엄마가 생각하는 것보다 덩어리진 음식들을 잘 먹게 된다. 하지만 아직 씹는 능력이 생긴 것은 아니기 때문에 잘 으깨지는 무른 것들을 줘야 한다.

아직까지 모유와 분유의 양을 제한할 필요는 없지만 이제 이유식으로 중심을 옮겨가기 위한 노력을 본격적으로 하는 시기다. 이쯤 되면 아기도 가족의 밥상을 눈으로 보고 음식에 대한 관심이나 욕구가 커질 뿐만 아니라 음식이나 그릇에 대한 호기심을 보이기 시작한다. 따라서 혼자 잡을 수 있는 숟가락을 쥐어주고 컵 등으로 물을 마실 수 있게 해준다.

만약 아기가 먹는 것이 지저분하고 오래 걸려서 엄마가 먹여주기만 한다면 아기는 혼자서 숟가락으로 밥을 먹는 훈련을 하기 어렵다. 아기가 음식을 손으로 집어 먹으려고 했을 때 손을 때리거나 음식을 빼앗아 엄마가 모두 먹여주려고 해서는 안 된다. 아기가 제대로 못하더라도 아기에게 혼자서도 해낼 수 있다는 자신감을 주고 격려를 해줘야 한다.

이 시기에 주의할 점

● 이유식을 잘 먹다가 갑자기 안 먹는 아기에게 젖을 더 많이 주면 안 된다

이유식을 잘 먹다가 갑자기 안 먹게 되면 엄마들은 당황한다. 그러다 보면 젖을 더 주기도 하고 수유 횟수를 늘리기도 한다. 섣불리 젖을 더 준다든지, 밤낮으로 수유의 횟수를 늘리면서 아기의 배를 채워주면 아기는 또 다시 '젖만 먹어도 되겠구나' 하고 생각하게 된다.

● 어른이 먹는 밥을 국이나 물에 말아주지 않는다

어른도 밥을 물이나 국에 말아 먹으면 소화 효소가 희석되어 소화가 잘 안 된다. 아기도 밥을 물에 말아주면 음식을 씹고 삼키는 연습을 못하게 된다. 또한 어른들이 먹는 국에 말아주면 자극적인 맛에 익숙해지기 때문에 이유식을 멀리한다. 아기가 너무 짠 것을 즐겨 먹으면 미숙한 신장의 기능이 제대로 성장하기도 전에 지치기 쉽다.

● 간은 천연의 맛으로 한다

염분은 소금이나 김치, 멸치에서만 섭취할 수 있는 게 아니다. 육류나 생선, 각종 과자와 인스턴트 가공식품 등을 통해 섭취되는 나트륨 양이 훨씬 더 많다. 곡류와 채소에 많은 칼륨은 소금의 나트륨과 균형을 이루면서 신체의 기능을 조절한다. 이러한 칼륨과 균형이 깨졌을 때 소금은 독이 된다. 다시마, 멸치, 각종 채소로 채소탕을 끓이면 미네랄이 녹아나오면서 적당히 간도 되고 자연스럽게 미네랄 균형도 잡아준다.

● 아기를 따라다니면서 이유식을 먹이지 않는다

생후 7~8개월이 되면 아기는 세상에 대한 관심과 호기심도 많아져 한 자리에서 이유식을 끝까지 먹이는 것이 쉽지 않다. 그때마다 엄마가 쫓아다니면서 먹이려고 하면 아기는 먹을 때 돌아다녀도 괜찮다고 생각한다. 이유식은 한 자리에 앉아서 끝까지 먹도록 해야 한다.

145

현미잡곡채소묽은진죽

재료 | 현미2큰술, 차조1/2큰술, 기장조1/2큰술, 수수1/2큰술, 감자1/4개, 당근1/8개, 애호박1/8개
(채소탕)다시마 우린 국물7컵, 배추, 양파, 양배추 조금씩

만드는 법

1 다시마 우린 국물을 냄비에 붓고 양파와 배추, 양배추를 잘게 썰어 넣은 후 은근한 불에서 국물 5컵이 나오도록 진하게 끓인다.
2 고운 면보에 1의 국물을 받쳐 맑은 국물만 받아낸다.
3 현미와 차조, 기장은 깨끗하게 씻어 물에 충분하게 불리고 수수는 빨간 물이 나오지 않을 때까지 씻은 후에 충분하게 불린다.
4 손절구에 3의 현미와 잡곡을 넣고 곱게 빻는다.
5 감자와 당근은 껍질을 벗기고 사방 0.3cm 크기로 아주 잘게 다지고 애호박은 속살만 돌려 깎아 같은 크기로 다진다.
6 냄비에 4의 빻은 현미와 잡곡, 5의 채소를 모두 넣고 볶다가 2의 채소 국물을 부어 은근하게 저어가면서 후루룩 떨어질 정도로 끓인다.

후루룩 떨어지는 묽은 진죽을 끓일 때는
특히 불조절이 중요해요. 처음에 국물을
부었을 때는 일단 센불에서 끓이고, 그 후에는
아주 약한 불에서 끓여야 부드러워요

현미단호박감자묽은진죽

재료 | 현미3큰술, 단호박20g, 감자1/4개
(채소탕)다시마 우린 국물7컵, 배추, 무, 양배추 조금씩

만드는 법

1 다시마 우린 국물을 냄비에 붓고 무와 배추, 양배추를 잘게 썰어 넣은 다음 은근한 불에서 국물이 6컵이 나오도록 진하게 끓인다.

2 고운 면보에 1의 국물을 받쳐 맑은 국물만 받아낸다.

3 현미는 충분하게 물에 불려 손절구에 넣고 빻는다.

4 단호박은 껍질을 벗기고 속의 씨를 말끔하게 걷어낸 다음 곱게 다진다. 감자는 껍질을 벗겨 곱게 다진다.

5 냄비에 3의 현미와 4의 단호박, 감자를 넣어 볶다가 2의 채소 국물을 넣어 약한 불에서 묽은 진죽이 되도록 끓인다.

현미고구마호박묽은진죽

재료 | 현미3큰술, 고구마20g, 애호박1/8개
(채소탕)다시마 우린 국물 7컵, 배추, 무, 양배추 조금씩

만드는 법

1 다시마 우린 국물을 냄비에 붓고 무와 배추, 양배추를 잘게 썰어 넣은 다음 은근한 불에서 국물이 6컵이 되도록 진하게 끓인다.

2 고운 면보에 1의 국물을 받쳐 맑은 국물만 받아낸다.

3 현미는 충분하게 물에 불려 손절구에 넣고 빻는다.

4 고구마는 껍질을 벗기고 곱게 다진다. 애호박은 껍질을 벗겨 속 살만 곱게 채 썬다.

5 냄비에 3의 현미와 4의 고구마, 애호박을 넣어 볶다가 2의 채소 국물을 넣어 약한 불에서 묽은 진죽이 되도록 끓인다.

단호박껍질을 벗길 때는
초록색 부분이 보이지 않도록
말끔하게 벗겨내야
죽이 부드러워요

현미단호박감자묽은진죽

현미고구마호박묽은진죽

현미감자당근묽은진죽

현미잡곡양배추묽은진죽

현미감자당근묵은진죽

재료 | 현미 3큰술, 감자 1/4개, 당근 1/8개
(채소탕)멸치국물 7컵, 배추, 무, 양배추, 애호박 조금씩

만드는 법

1 멸치국물을 냄비에 붓고 무와 배추, 애호박, 양배추를 잘게 썰어
　넣은 다음 은근한 불에서 국물이 6컵이 나오도록 진하게 끓인다.

2 고운 면보에 1의 국물을 받쳐 맑은 국물만 받아낸다.

3 현미는 충분하게 물에 불려 손절구에 넣어 빻는다.

4 감자와 당근은 껍질을 벗기고 곱게 다진다.

5 냄비에 3의 현미와 4의 감자와 당근을 넣어 볶다가 2의 채소 국
　물을 넣어 약한 불에서 묶은 진죽이 되도록 끓인다.

현미잡곡양배추묵은진죽

재료 | 현미 3큰술, 수수 1/2큰술, 양배추(사방 10cm) 2장
(채소탕)다시마 우린 국물 7컵, 배추, 무, 당근, 애호박 조금씩

만드는 법

1 다시마 우린 국물을 냄비에 붓고 무와 배추, 애호박, 당근을 잘게 썰어
　넣은 다음 국물이 6컵이 나오도록 진하게 끓인다.

2 1의 채소탕을 면보에 걸러 맑은 국물만 내린다.

3 현미는 충분하게 불리고 수수는 빨간 물이 나오지 않을 때까지 씻어
　물에 불렸다가 건진 다음 손절구에 넣어 빻는다.

4 양배추는 굵은 심지를 도려내고 곱게 채 썬다.

5 냄비에 3의 현미와 잡곡, 4의 양배추를 넣어 볶다가 2의 채소 국물을
　넣어 약한 불에서 묶은 진죽이 되도록 끓인다.

현미밤당근묽은진죽

재료 | 현미3큰술, 밤1톨, 당근1/8개
(채소탕)멸치국물7컵, 무, 배추, 양파, 양배추 조금씩
만드는 법

1 멸치국물을 냄비에 붓고 무와 배추, 양파, 양배추를 잘게 썰어 넣은
  다음 은근한 불에서 끓여 국물이 6컵이 나오도록 진하게 끓인다.
2 면보에 1의 멸치국물을 받쳐 고운 국물만 담아둔다.
3 현미는 충분하게 불려 물기를 뺀 다음 손절구에 넣어 빻는다.
4 밤은 속껍질까지 벗겨 곱게 채 썬다.
5 당근은 껍질을 벗겨 곱게 다진다.
6 냄비에 3의 현미와 4의 밤, 5의 당근을 넣고 볶다가 2의 채소 국물
  을 붓고 약한 불에서 저어가면서 끓인다. 묽은 죽이 완성되면 한김
  식혀 먹인다.

현미잡곡당근묽은진죽

재료 | 현미3큰술, 기장조1/2큰술, 당근1/8개
(채소탕)다시마 우린 국물7컵, 배추, 무, 양배추, 애호박 조금씩

만드는법

1 다시마 우린 국물을 냄비에 붓고 무와 배추, 애호박, 양배추를 잘
  게 썰어 넣어 약한 불에서 국물이 6컵이 나오도록 진하게 끓인다.

2 채소 국물이 진하게 우러나면 면보에 맑은 국물만 받친다.

3 현미와 기장조는 충분하게 물에 불려 물기를 뺀 다음 손절구에 넣
  어 빻는다.

4 당근은 껍질을 벗기고 아주 곱게 다진다.

5 냄비에 3의 현미와 잡곡, 4의 당근을 넣어 볶다가 2의 채소 국물
  을 넣어 약한 불에서 묽은 진죽이 되도록 끓인다.

표고버섯을 불릴 때에는 갓이 위로 가게해서 불리고 금방 불려야될 때는 설탕물을 타서 표고버섯을 담가 놓으면 쉽게 불릴 수 있어요

현미잡곡버섯묵은진죽

재료 | 현미3큰술, 차조1/2큰술, 양송이버섯 반 개(또는 표고버섯 1장)
(채소탕)다시마 우린 국물 7컵, 표고버섯 기둥, 배추, 무, 양배추, 애호박 조금씩

만드는법

표고버섯은 물에 충분하게 불려 기둥을 자르고 곱게 다진다. 또는 양송이버섯 반 개를 껍질을 벗겨 곱게 다진다.

다시마 우린 국물을 냄비에 붓고 표고버섯 기둥, 무와 배추, 애호박, 양배추를 잘게 썰어 넣고, 은근한 불에서 국물이 6컵이 나오도록 진하게 끓인다.

채소 국물이 진하게 우러나면 면보에 맑은 국물만 밭친다.

현미와 차조는 씻어 물에 충분히 불린 후 손절구에 넣어 빻는다.

냄비에 4의 현미와 잡곡, 1의 표고버섯이나 양송이버섯 다진 것을 넣어 볶다가 2의 채소 국물을 넣어 약한 불에서 묽은진죽이 되게 끓인다.

중기 ▶ 9~10개월:진죽기

 젖니가 생기고 씹고 싶은 욕구가 생긴다. 잇몸에 힘이 생겨 으깨어 먹기도 한다. 이 시기에는 작게 덩어리진 음식들을 스스로 씹거나 갈아 먹도록 하는 게 좋다. 고형식에 익숙해지는 시기이므로 음식을 갈아주거나 다질 필요는 없다.

이유식이 중심이 되는 시기다. 생후 9개월이 되면 몸도 많이 커지고 활동량도 많이 늘기 때문에 엄마 젖이나 분유만으로 성장과 활동에 필요한 영양소를 모두 보충할 수는 없다. 이유식을 통해 아기가 기본적인 열량을 규칙적으로 섭취하도록 해야 한다. 젖니도 4~6개 이상 나기 시작하면서 더 많이 씹으려고 하고 앞니로도 갈아 먹게 된다. 잇몸의 힘도 세져 더 많이 으깨어 먹을 수 있게 된다.

밥알도 덩어리가 있을 뿐만 아니라 채소들도 으깨서 먹을 수 있도록 삶아서 줄수 있다. 재료에 따라 다르기는 하지만 예전처럼 모든 이유식 재료들을 곱게 다지거나 갈아서 무르게만 할 필요는 없다. 아기의 잇몸이나 혀로 으깨 먹을 수 있도록 조리한 덩어리진 음식도 된다.

현미잡곡채소진죽은 불린 현미와 잡곡에 10배 정도의 채소탕을 넣고 지금까지 아기가 먹어왔던 채소를 잘게 썰어 넣어 죽을 쑨다. 아기가 익숙해지면 아욱이나 근대, 양배추와 같이 새로운 채소들을 잘게 썰어 넣어 죽을 쑨다. 차츰 참깨나 잣과 같은 고단백, 고지방의 씨앗이나 견과류를 조금씩 넣어준다.

하지만 모든 아기들에게 똑같이 적용되는 것은 아니다. 똑같은 월령에 이유식을 시작해도 아기가 잘 적응해가면 다음 단계로 더 빨리 넘어갈 수 있지만, 그렇지 않다면 이유식의 단계를 늦추면서 진행하는 게 좋다.

이 시기에 주의할 점

● 5대 영양소를 반드시 먹여야 된다고 생각하지 말자

이유식을 먹일 때마다 엄마들은 탄수화물, 단백질, 지방, 비타민, 미네랄 등이 골고루 들어가 있는지 늘 걱정을 한다. 그래서 밥이 있으면 고기가 있고 채소가 있고 과일이 있어야 된다고 생각한다. 실상 이보다 중요한 것은 아기들의 위장능력을 키우는 것이고, 둘째는 특정 영양소를 음식 하나로 보충하려고 해서는 안 된다는 사실이다. 특정 음식을 많이 먹게 되면 오히려 신체 기능에 무리만 따를 뿐이다. 곡류와 채소들을 다양하게 먹이는 것만으로도 충분하다.

● 기름은 소량이라도 사용하지 않는다

엄마들은 이유식을 좀더 맛있고 고소하게 하기 위해 쌀을 기름에 볶다가 죽을 쑤기도 하고, 올리브유나 식용유 등을 사용해서 볶음밥을 해주기도 한다. 기름진 맛에 길들여지는 것은 중독 현상이다. 아기가 기름진 맛을 좋아하게 되면 필수 지방산의 균형이 깨져 신체는 늘 염증 상태에 빠지고 면역기능은 저하된다. 아기들에게 일찍 기름 맛을 알게 하는 것은 단맛에 길들이는 것만큼 나쁘다.

● 아기의 손에 스낵을 쥐어줘서는 안 된다

아기들이 침을 흘리고 손으로 무언가를 잡으려고 하거나 입으로 가져가려고 할 때 엄마들이 손쉽게 아기 손에 쥐어주는 것이 스낵이다. 스낵은 대부분 기름에 튀긴 유탕처리 과자들이거나 계란과 설탕, 마가린 함량이 높은 부드러운 과자들이다. 스낵 종류들은 모두 포화 지방이나 트랜스 지방산 함량이 높고 설탕, 나트륨, 화학 첨가물들이 많이 들어 있기 때문에 아기의 건강에 큰 해가 된다.

157

현미잡곡채소진죽

재료 | 현미3큰술, 차조1/2큰술, 기장조1/2큰술, 수수1/2큰술, 감자 1/4개, 당근1/8개, 애호박1/8개

(채소탕)다시마 우린 국물8컵, 배추, 무, 양배추, 표고버섯 조금씩

만드는 법

1 다시마 우린 국물을 냄비에 붓고 무와 배추, 애호박, 표고버섯을 잘게 썰어 넣은 다음 은근한 불에서 7컵이 나오도록 진하게 끓인다.

2 채소 국물이 진하게 우러나면 면보에 맑은 국물만 받친다.

3 현미와 차조, 기장조는 충분하게 물에 불리고 수수는 빨간 물이 나오 지 않을 때까지 깨끗하게 씻어 물에 불린다. 손절구에 잡곡과 현미를 넣고 빻는다.

4 감자와 당근은 껍질을 벗기고 사방 0.4cm 크기로 썬다. 애호박은 속 살만 감자와 같은 크기로 썬다.

5 냄비에 3의 현미잡곡 빻은 것을 넣어 볶다가 4의 감자와 당근, 애호박 을 넣어 볶으면서 2의 채소 국물을 넣어 죽을 쑨다.

6 죽을 숟가락으로 떠보아 뚝뚝 떨어질 정도의 진죽이 되면 불에서 내 려 한김 식혀 먹인다. 채소를 넣어 끓일 때 숟가락으로 으깨가면서 끓 이면 채소가 물러져 아기들이 먹기 쉽다.

나무 순가락을 이용해서
잘게 썬 채소를 으깨가면서
끓여야 쉽게 물러져요

현미잡곡채소완두콩진죽

재료 | 현미3큰술, 차조1/2큰술, 기장조1/2큰술, 완두콩2큰술, 당근1/8개
(채소탕)다시마 우린 국물8컵, 배추, 무, 양배추 조금씩

만드는법

1. 다시마 우린 국물을 냄비에 붓고 무와 배추, 양배추를 잘게 썰어 넣은 다음
   7컵이 나오도록 진하게 끓인다.
2. 채소 국물이 진하게 우러나면 면보에 맑은 국물만 받친다.
3. 현미와 차조, 기장조는 충분하게 물에 불리고 완두콩은 깨끗하게 씻어 끓
   는 물에 데쳐 굵게 다진다. 손절구에 잡곡과 현미를 넣고 빻는다.
4. 당근은 껍질을 벗기고 굵게 사방 0.4cm 크기로 다진다.
5. 냄비에 3의 현미잡곡 빻은 것을 넣어 볶다가 완두콩과 4의 당근을 넣어 볶
   으면서 2의 채소 국물을 넣어 죽을 쑨다.
6. 죽을 숟가락으로 떠 보아 뚝뚝 떨어질 정도의 진죽이 되면 불에서 내려 한
   김 식혀 먹인다. 채소를 넣어 끓일 때 숟가락으로 으깨가면서 끓이면 채소
   가 물러져 아기들이 먹기 좋다.

현미잡곡채소아욱진죽

현미잡곡채소근대진죽

현미잡곡채소아욱진죽

재료 | 현미 3큰술, 차조 1/2큰술, 아욱 2잎, 감자 1/4개
(채소탕) 멸치국물 8컵, 배추, 무, 양배추, 애호박 조금씩

만드는 법

1 멸치국물을 냄비에 붓고 무와 배추, 양배추, 애호박을 잘게 썰 어 넣은 다음 은근한 불에서 국물이 7컵이 나오도록 진하게 끓 인다.

2 채소 국물이 진하게 우러나면 면보에 맑은 국물만 받친다.

3 현미와 차조는 충분하게 물에 불려 손절구에 넣고 빻는다.

4 아욱은 겉껍질을 벗기고 바락바락 주물러 씻어 파란 물이 나오 지 않을 때까지 헹군 다음 건져 잘게 다지듯이 썬다.

5 감자는 껍질을 벗기고 아주 곱게 채 썬다.

6 냄비에 3의 현미잡곡 빻은 것을 넣어 볶다가 4의 아욱과 5의 감 자를 넣어 볶으면서 2의 채소 국물을 넣어 죽을 쑨다.

7 죽을 숟가락으로 떠보아 뚝뚝 떨어질 정도의 진죽이 되면 불에 서 내려 한김 식혀 먹인다. 채소를 넣어 끓일 때 숟가락으로 으 깨가면서 끓이면 채소가 물러져 아기들이 먹기 좋다.

현미잡곡채소근대진죽

재료 | 현미 3큰술, 기장조 1/2큰술, 수수 1/2큰술, 근대 3잎, 애호 박 1/8개
(채소탕) 멸치국물 8컵, 배추, 무, 당근 조금씩

만드는 법

1 냄비에 멸치국물을 붓고 배추와 무, 당근을 잘게 썰어 넣은 다음 은근한 불에서 국물이 7컵이 나오도록 진하게 끓인다.

2 면보에 1의 채소탕을 받쳐 맑은 국물만 받는다.

3 현미와 기장조는 씻어 물에 불리고 수수는 빨간 물이 나오지 않 을 때까지 씻은 후에 물에 불린다. 손절구에 현미와 기장조, 수 수를 넣고 곱게 빻는다.

4 근대는 씻어 잘게 채 썬다. 애호박은 속살만 잘게 채 썬다.

5 냄비에 3의 현미와 잡곡, 4의 근대와 애호박을 넣어 볶다가 2 의 채소 국물을 넣어 죽을 쑨다. 숟가락으로 떠보아 뚝뚝 떨어지 는 진죽이 되면 불에서 내려 한김 식혀 먹인다.

깨가루는 고운 가루여야하는 데 가루를 갈아 고운 체에 한 번 내려주는 것이 좋다.

현미잡곡채소깨진죽

재료 | 현미3큰술, 기장조1/2큰술, 수수1/2큰술, 애호박 1/8개, 참깨1큰술

(채소탕)다시마 우린 국물8컵, 무, 배추, 양배추 약간씩

만드는 법

1 냄비에 다시마 우린 물을 붓고, 무와 배추, 양배추를 잘게 썰어 넣은 다음 은근한 불에서 국물이 7컵이 나오도록 진 하게 끓인다.

2 고운 면보에 1의 국물을 받쳐 맑은 국물만 받는다.

3 현미와 기장조는 씻어 물에 충분하게 불리고, 수수는 빨

간 물이 나오지 않을 때까지 씻은 후에 물에 불린다. 손절 구에 현미와 기장조, 수수를 넣고 굵게 빻는다.

4 참깨는 팬에 넣어 볶은 후 분마기에 곱게 빻는다. 체에 내 려 고운 가루만 준비한다.

5 애호박은 속살만 곱게 채 썬다.

6 냄비에 3의 현미와 잡곡 5의 애호박을 넣고 볶다가 2의 채소 국물을 넣어 중간 불에서 끓인다.

7 걸쭉하게 진죽이 거의 완성이 되면 4의 고운 깨가루를 뿌 려 저어가면서 익힌다.

잣가루를 만들 때 도마에 바로
올리면 잣에서 나오는 기름 때문에
뭉치기 쉬워요. 종이타월에 올려
다지는 게 좋아요

현미잡곡채소잣진죽

재료 | 현미 3큰술, 수수 1/2큰술, 당근 1/8개, 감자 1/4개, 잣
1큰술
(채소탕) 다시마 우린 국물 8컵, 무, 배추, 양배추 약간씩

만드는 법

1 냄비에 다시마 우린 물을 붓고, 무와 배추, 양배추를 잘게
   썰어 넣은 다음 은근한 불에서 국물이 7컵이 나오도록 진
   하게 끓인다.
2 고운 면보에 1의 국물을 받쳐 맑은 국물만 받는다.
3 현미는 씻어 물에 충분히 불리고, 수수는 빨간 물이 나

오지 않을 때까지 씻은 후에 충분하게 물에 불린다. 손절
구에 현미와 수수를 넣고 굵게 빻는다.
4 잣은 마른 면보에 닦아 고깔을 뗀 후에 도마 위에 종이타
월을 깔고 올려 칼로 다진다.
5 감자와 당근은 껍질을 벗기고 곱게 채 썬다.
6 냄비에 3의 현미와 잡곡, 5의 감자와 당근을 넣어 볶다가
   2의 채소 국물을 넣어 중간 불에서 끓인다.
7 걸쭉하게 진죽이 거의 완성이 되면 4의 잣가루를 뿌려 저
   어가면서 익힌다.

이제 이유기가 완료기에 접어들고 있다. 이 시기에는 모유도 서서히 끊어야 한다. 지금까지의 이유식 훈련이 잘 되었다면 모유를 끊지 않아도 상관없지만 이유식보다 모유에 의존하고 있다면 문제가 된다.

돌을 전후한 시기는 모유를 차츰 뗄 준비를 해야 하는 수유 완료기이며, 이유기 역시 완료해야 하는 시기다. 아기도 어금니가 상하좌우 4개가 나면서 이로 부수고 씹어 먹는 능력도 좋아진다. 하지만 아직까지도 씹고 넘기는 힘도 약하고 소화 능력도 미숙하기 때문에 된죽으로 좀더 많은 훈련을 할 수 있도록 도와줘야 한다. 빠른 아기들은 된죽이 아닌 진밥을 먹기도 한다.

이제 이유식은 하루 3번 어른들의 식사 시간에 맞춰 함께 식사할 수 있도록 준비한다. 오전 9시와 오후 1시, 오후 5시에 4시간 간격으로 규칙적으로 주고 아기가 자주 허기져 한다고 판단되면 오전 8시, 오전 12시, 오후 4시, 오후 8시로 식사의 횟수를 늘린다.

아기들에게 간식을 주는 것보다는 주식의 횟수를 늘리는 것이 좋다. 간식은 활동 중에 가볍게 먹기 때문에 식사에 집중할 수 없을 뿐만 아니라, 달고 부드러워 먹기 편하므로 오히려 아기들의 식습관을 방해한다.

이 시기에 주의할 점

● **서서히 젖을 끊을 준비를 한다**

이유기가 거의 끝나가는 돌 전후의 시기가 되면 젖도, 분유도 끊어야 한다. 이유기가 완료되는 시점은 수유가 완료되는 시점이기도 하다. 돌이 지나도 모유 수유를 하는 것이 반드시 나쁜 것은 아니다. 특히 엄마나 아기가 모두 원할 때는 어떻게 할 수 없는 일이기도 하고, 아기가 이유기 단계를 잘 밟아가며 밥을 잘 먹고 있다면 문제가 되지 않는다. 이런 경우 모유의 의존도는 자연스럽게 약해져서 이유식에 큰 영향을 주지 않기 때문에 괜찮다.

하지만 아기의 성장 단계에 맞는 이유기 훈련이 전혀 되지 않은 상태에서 아직도 모유 수유를 하고 있다면 아기의 성장에도 악영향을 미친다. 아기가 고형식, 즉 덩어리진 음식을 전혀 먹지 못한다는 것은 미각과 치아의 발달이 되지 않는다는 것이고, 이 상태로 음식을 고루 먹고 영양의 균형을 찾는 것은 어렵다.

아기들이 6~7개월이 넘으면 밤에는 깨지 않고 더이상 먹을 것도 찾지 않을 정도로 숙면을 할수 있는 상태가 되어야 된다. 낮에 이유식 훈련을 잘 한 아기들은 잠도 잘 잔다. 이런 과정을 잘 밟으면 보다 쉽게 모유 수유나 야간 수유를 끊을 수 있다.

현미잡곡채소된죽

현미잡곡채소두부된죽

현미잡곡채소된죽

재료 | 현미3큰술, 차조1/2큰술, 기장조1/2큰술, 수수1/2
큰술, 감자1/4개, 당근1/8개, 애호박1/8개
(채소탕)다시마 우린 국물8컵, 무, 배추, 양배추, 표고버섯
기둥 조금씩

만드는 법

1 냄비에 다시마 우린 물을 붓고 무와 배추, 양배추, 표고버
섯 기둥을 잘게 썰어 넣은 다음 물 6컵이 나오도록 진하게
끓인다.

2 고운 면보에 1의 국물을 받쳐 맑은 국물만 받는다.

3 현미와 차조, 기장조는 씻어 물에 충분하게 불리고 수수
는 빨간 물이 나오지 않을 때까지 씻어 물에 충분히 불린
다.

4 감자와 당근은 껍질을 벗기고 사방 0.5cm 크기가 되도록
썬다. 애호박은 속살만 같은 크기로 썬다.

5 냄비에 3의 현미와 잡곡, 4의 채소를 넣고 2의 채소 국물
을 넣은 후에 현미와 채소 알갱이가 익도록 끓여 되직한 죽
을 쑨다.

두부는 되도록 마지막에
넣는 것이 좋아요. 처음부
터 넣으면 두부가 부드럽
지 않고 딱딱해져요

현미잡곡채소두부된죽

재료 | 현미3큰술, 차조1/2큰술, 기장조1/2큰술, 수수1/2
큰술, 두부1/8모, 감자1/4개, 애호박1/8개
(채소탕)다시마 우린 국물8컵, 무, 배추, 양배추, 표고버섯
기둥 조금씩

만드는 법

1 냄비에 다시마 우린 물을 붓고 무와 배추, 양배추, 표고버
섯 기둥을 잘게 썰어 넣어 국물이 6컵이 나오도록 진하게
끓인다.

2 면보에 1의 국물을 내려 맑은 국물만 받는다.

3 현미, 차조, 기장조는 씻어 물에 충분하게 불리고, 수수는
빨간 물이 나오지 않을 때까지 씻어 물에 충분히 불린다.

4 감자는 껍질을 벗기고 사방 0.5cm 크기가 되도록 썬다.
애호박은 속살만 같은 크기로 썬다.

5 두부는 물에 씻어 감자와 같은 크기로 썬다.

6 냄비에 3의 현미와 잡곡, 4의 채소를 넣어 채소 국물을 넣
은 후에 현미와 채소 알갱이가 익도록 끓인다. 현미가 익
으면 5의 두부를 넣어 되직한 죽을 쑨다. 씹히는 질감이
있는 것이 좋다.

현미잡곡채소콩된죽

재료 | 현미3큰술, 차조1/2큰술, 기장조1/2큰술, 검은콩1큰술,
애호박1/8개

(채소탕)멸치국물 8컵, 무, 배추, 양배추, 당근 조금씩

만드는 법

1 냄비에 멸치 우린 물을 붓고 무와 배추, 양배추, 당근을 잘게 썰
  어 넣은 다음 국물 6컵이 나오도록 진하게 끓인다.

2 면보에 1의 국물을 내려 맑은 국물만 받는다.

3 현미와 차조, 기장조는 씻어 물에 충분하게 불린다. 검은콩도
  물에 충분하게 불린 다음 끓는 물에 10분 정도 삶아 찬물에 헹
  군 뒤, 믹서에 채소탕1/2컵을 붓고 곱게 간다.

4 애호박은 속살만 사방 0.5cm 크기로 썬다.

5 냄비에 3의 현미와 잡곡, 4의 애호박을 넣어 볶다가 2의 채소
  국물을 넣은 후에 3의 검은콩 간 것을 넣어 함께 되직하게 죽을
  쑨다.

현미잡곡채소단호박된죽

재료 | 현미3큰술, 차조1/2큰술, 기장조1/2큰술, 단호박30g, 당근1/8개
(채소탕)다시마 우린 국물 8컵, 무, 배추, 양배추, 표고버섯 기둥 조금씩

만드는 법

1 냄비에 다시마 우린 물을 붓고 무와 배추, 양배추, 표고버섯 기둥을 잘게 썰
  어 넣어 국물 6컵이 나오도록 진하게 끓인다.
2 면보에 1의 국물을 내려 맑은 국물만 받는다.
3 현미와 차조, 기장조는 씻어 물에 충분하게 불린다.
4 단호박은 껍질을 벗기고 속씨를 긁어낸 후에 사방 0.5cm 크기로 썬다. 당
  근도 껍질을 벗기고 단호박과 같은 크기로 썬다.
5 냄비에 3의 현미와 잡곡, 4의 채소를 넣은 다음 2의 채소 국물을 넣은 후에
  현미와 채소 알갱이가 익도록 끓여 되직한 죽을 쑨다.

단호박은 감자나당근보다늦
게 익으니채소탕
국물을 조금 더
넣어도 괜찮아요

169

현미잡곡채소브로콜리된죽

현미잡곡채소잣밤된죽

현미잡곡채소브로콜리된죽

재료 | 현미3큰술, 차조1/2큰술, 수수1/2큰술, 감자1/4개, 브로콜리30g
(채소탕)다시마 우린 국물 8컵, 무, 배추, 양배추, 표고버섯 기둥 조금씩

만드는 법

1 냄비에 다시마 우린 물을 붓고 무와 배추, 양배추, 표고버섯 기둥을 잘게
썰어 넣은 다음 국물 6컵이 나오도록 진하게 끓인다.

2 면보에 1의 국물을 내려 맑은 국물만 받는다.

3 현미와 차조는 씻어 물에 충분하게 불리고, 수수는 빨간 물이 나오지 않
을 때까지 씻어 물에 불린다.

4 감자는 껍질을 벗기고 사방 0.5cm 크기로 썬다. 브로콜리는 한송이씩
떼어 감자와 같은 크기로 썬 후에 끓는 물에 살짝 데쳐 찬물에 헹궈 건진
다음 작게 다진다.

5 냄비에 3의 현미와 잡곡, 4의 감자를 넣고 2의 채소 국물을 넣은 후에 현
미 알갱이가 익도록 끓여 되직한 죽을 쑨다. 거의 죽이 완성되면 데쳐서
잘게 다진다. 브로콜리를 넣어 한소끔 더 끓인 후에 완성한다. 채소가 씹
히는 질감이 있는 것이 좋다.

현미잡곡채소잣밤된죽

재료 | 현미3큰술, 차조1/2큰술, 기장조1/2큰술, 수수1/2큰술, 밤1톨, 잣
1/2큰술, 당근1/8개
(채소탕)멸치국물 8컵, 무, 배추, 양배추, 표고버섯 기둥 조금씩

만드는 법

1 냄비에 멸치국물을 붓고 무와 배추, 양배추, 표고버섯 기둥을 잘게 썰어
넣은 다음 국물 6컵이 나오도록 진하게 끓인다.

2 면보에 1의 국물을 내려 맑은 국물만 받는다.

3 현미와 차조, 기장조는 씻어 물에 충분하게 불리고, 수수는 빨간 물이 나
오지 않을 때까지 씻어 물에 불린다.

4 당근은 껍질을 벗기고 사방 0.5cm 크기로 썬다. 밤은 굵게 채 썰고 잣은
고깔을 떼고 종이타월에 올려 잘게 다진다.

5 냄비에 3의 현미와 잡곡, 4의 밤과 당근, 2의 채소 국물을 넣은 후에 현
미와 채소 알갱이가 익도록 끓인다. 거의 죽이 완성되면 잣가루를 넣어
한소끔 더 끓여 씹히는 질감이 있도록 한다.

생태살은 포를 뜬 것으로 구입하여 사용하면 간편해요. 냉동된 것은 자연스럽게 냉장실에 내려 해동시킨 상태에서 조리해야 수분이 많이 배어 짠맛이 덜해요

현미잡곡채소생태살된죽

재료 | 현미3큰술, 차조1/2큰술, 기장조1/2큰술, 수수1/2큰술, 생태살20g, 애호박1/8개
(채소탕)다시마 우린 국물 8컵, 무, 배추, 양배추, 표고버섯 기둥 조금씩

만드는 법

1 냄비에 다시마 우린 물을 붓고 무와 배추 양배추 표고버섯 기둥을 잘게 썰어 넣은 다음 국물 6컵이 나오도록 진하게 끓인다.

2 면보에 1의 국물을 내려 맑은 국물만 받는다.

3 현미와 차조, 기장조는 씻어 물에 충분하게 불리고, 수수는 빨간 물이 나오지 않을 때까지 씻은 후 물에 충분하게 불린다.

4 생태살은 물기가 없도록 종이타월로 눌러 물기를 빼고 곱게 다진다.

5 애호박은 얄팍하게 사방 0.5cm 크기로 썬다.

6 냄비에 3의 현미와 잡곡, 4의 생태살과 5의 애호박을 넣어 볶은 다음 생태살이 살짝 익으면 2의 채소 국물을 넣은 후에 현미와 채소 알갱이가 익도록 되직한 죽을 쑨다.

현미잡곡채소양배추참깨된죽

재료 | 현미3큰술, 차조1/2큰술, 기장조1/2큰술, 수수1/2큰술, 양배추1/2
장, 애호박1/8개, 참깨1/2작은술
(채소탕)다시마 우린 국물 8컵, 무, 배추, 양배추, 표고버섯 기둥 조금씩

만드는 법

1 냄비에 다시마 우린 물을 붓고 무와 배추, 양배추, 표고버섯 기둥을 잘게 썰
  어 넣은 다음 국물 6컵이 나오도록 진하게 끓인다.

2 면보에 1의 국물을 내려 맑은 국물만 받는다.

3 현미와 차조, 기장조는 씻어 물에 충분하게 불리고, 수수는 빨간 물이 나오
  지 않을 때까지 씻어 물에 담가 불린다.

4 양배추는 2cm 길이로 곱게 채 썰고 애호박도 속살만 같은 길이로 채 썬다.
  참깨는 손절구에 넣어 곱게 빻아 가루를 체에 거른다.

5 냄비에 3의 현미와 잡곡, 4의 양배추와 애호박을 넣어 2의 채소 국물을 넣
  은 후에 현미와 채소 알갱이가 익도록 끓여 되직한 죽을 쑨다. 마지막에 참
  깨가루를 넣어 고소하게 한소끔 더 끓인다.

참깨를 곱게 갈아서 체에 한번 걸
러야 거칠지 않고 이물감이 남지
않아 아기들이 잘 먹어요

현미잡곡채소양송이된죽

| 현미3큰술, 차조1/2큰술, 기장조1/2큰술, 수수1/2큰술, 양송이버섯1개, 감자1/4개, 애호박1/8개
(채소탕)다시마 우린 국물 8컵, 무, 배추, 양배추, 표고버섯 기둥 조금씩

만드는 법

1 냄비에 다시마 우린 물을 붓고 무와 배추, 양배추, 표고버섯 기둥을 잘게 썰어 넣은 다음 국물 6컵이 나오도록 진한 국물을 만든다.
2 면보에 1의 국물을 내려 맑은 국물만 받는다.
3 현미와 차조, 기장조는 깨끗하게 씻어 물에 충분하게 불리고 수수는 빨간 물이 나오지 않을 때까지 씻어 물에 담가 불린다.
4 양송이는 갓부분의 껍질을 벗기고 기둥을 자른 후에 곱게 다진다. 감자는 사방 0.5cm 크기가 되도록 썬다. 애호박은 속살만 같은 크기로 썬다.
5 냄비에 3의 현미와 잡곡, 4의 채소를 넣고 2의 채소 국물을 넣은 다음 현미와 채소 알갱이가 익도록 끓여 되직한 죽을 쑨다. 4의 양송이버섯 다진 것을 넣어 한데 버무린 다음 한소끔 끓여 버섯의 향이 나도록한다.

양송이버섯을 처음부터 채소와 함께 끓이면 버섯 특유의 향이 약해져요. 마지막에 버섯을 넣어야 향도 살리고 영양도 풍부해요

현미잡곡채소대구살된죽

재료 | 현미3큰술, 차조1/2큰술, 기장조1/2큰술, 수수1/2큰술, 대구살20g, 감자1/4개, 당근1/8개
(채소탕)다시마 우린 국물 8컵, 무, 배추, 양배추, 표고버섯 기둥 조금씩

만드는 법

1 냄비에 다시마 우린 물을 붓고 무와 배추, 양배추, 표고버섯 기둥을 잘게 썰어 넣어 국물 6컵이 나오도록 진하게 끓인다.

2 면보에 1의 국물을 내려 맑은 국물만 받는다.

3 현미와 차조, 기장조는 씻어 물에 충분하게 불리고 수수는 빨간 물이 나오지 않을 때까지 씻어 물에 담가 불린다.

4 대구살은 물기가 없도록 종이타월로 꾹 눌러 물기를 빼고 곱게 다진다.

5 감자와 당근은 껍질을 벗기고 사방 0.5cm 크기로 썬다.

6 냄비에 3의 현미와 잡곡, 4의 대구살과 5의 감자, 당근을 넣어 볶아 대구살이 살짝 익으면 2의 채소 국물을 넣은 후에 현미와 채소 알갱이가 익도록 끓여 되직한 죽을 쑨다.

완료기&유아식 ▶ 12~24개월 : 진밥기

 이제 어른이 먹는 음식에 제법 가까워진 시기다. 이 시기의 아기들은 약간 부드럽고 간이 덜 된 상태의 음식이라면 모든 음식을 먹을 수 있다. 이제부터는 적응기를 지나 올바른 식습관을 익혀야 한다.

이제 이유식을 완료하고 유아식으로 넘어가는 시기다. 모유를 끊기 시작하면서 본격적으로 현미와 잡곡으로 된 진밥과 국, 반찬을 먹을 수 있다. 어른들이 먹는 것보다 약간 부드럽고 간이 덜된 음식이라면 거의 먹을 수 있다. 또한 아기들의 식습관이 정착되는 중요한 시기이다. 아기가 걷기 시작하면 호기심도 더 많아지고 기동성도 좋아진다. 따라서 이때 바른 식습관이 형성되지 않으면 자아가 더욱 완고하게 형성되면서 특정 음식만을 고집하게 되고 편식을 하게 된다.

본격적으로 유아식을 하게 되면 돌이 되기 전에 먹이지 않았던 음식들을 서서히 먹여볼 수 있다. 알레르기 때문에 조심했던 딸기나 토마토, 복숭아 등은 조금씩 먹여도 괜찮지만 끼니마다 주지는 않는다. 이제 된장이나 간장, 소금으로 적절히 간을 한 음식들을 먹으면서 아기들도 본격적으로 입맛을 형성해간다.

현미잡곡진밥은 아기 공기로 한 공기 정도를 하루 3~4번 먹인다. 아기들의 활동량이 커지면서 식사량도 함께 늘어나기 때문에 하루 네 끼로 식사의 횟수를 늘려야 하는 경우도 있다. 오히려 아기들이 네 끼의 밥을 규칙적으로 먹게 되면 나쁜 간식으로부터 아기를 든든하게 지킬 수 있다.

아기가 먹는 양이 적어도 여러 가지 반찬을 고루 먹으며 다양한 음식을 경험할 수 있도록 해야 한다. 이것은 한 끼에 여러 가지 음식을 먹어야 한다는 뜻이 아니라 아기가 다양한 음식들을 거부하지 않도록 미각을 발달시켜야 한다는 뜻이다.

이 시기에 주의할 점

● 아기가 밥을 제대로 안 먹어도 여유 있게 기다린다

돌이 지나면 아기가 일시적으로 식욕이 줄기도 하고 편식 습관이 생기기도 한다. 일단 아기의 편식이 일시적인 것인지 충분히 지켜볼 필요가 있다. 아기가 편식을 하거나 제대로 먹지 않고 있다고 해서 우유, 과일, 사탕, 과자 등으로 배를 채우게 해서는 안 된다. 아기가 덜 먹거나 편식을 해도 부모가 지나치게 신경을 쓰기보다는 좀더 여유 있게 기다려줄 필요가 있다.

● 아기가 음식을 잘 먹을 수 있는 환경을 만들어준다

아기가 다양한 사물에 호기심을 갖기 시작하면 매일 먹는 음식에 대한 관심은 상대적으로 적어진다. 만약 주위 환경이 시끄럽거나 산만하면 아기들도 심리적으로 불안해서 음식을 제대로 먹을 수 없다. 아기가 밥을 잘 안 먹으려 한다면 주변 환경을 바꿔 음식에 관심을 가질 수 있도록 해줘야 한다. 그릇이나 숟가락, 컵, 턱받이 등을 바꿔주거나 자기가 고를 수 있도록 해주는 것도 좋다.

● 우유를 많이 마시면 편식이 심해진다

대부분의 엄마들은 우유를 완전식품으로 알고 있다. 어떤 엄마는 물 대신 우유를 주기도 한다. 아기가 이유기를 완료하고 유아식을 먹는 시기에는 더더욱 물처럼 우유를 마실 이유가 없다. 우유의 포화지방은 두뇌 발달하고는 상관이 없는 지방이다. 뿐만 아니라 우유에서 유기 용매를 사용해 지방만을 뽑아 만든 저지방 우유는 만드는 과정에 사용되는 유기 화합물들이 우유 안에 남아 있을 가능성도 높다. 우유는 완전식품이 아닌 완전 가공식품에 불과할 뿐이다.

177

현미잡곡진밥

재료 | 현미5큰술, 차조1작은술, 기장1작은술, 수수1작은술, 물1컵

만드는 법

1 현미는 깨끗이 씻어 5시간 이상 물에 담가 불린다.

2 차조와 기장조는 깨끗이 씻어 1시간 이상 물에 담가 불린다.

3 수수는 빨간 물이 나오지 않을 때까지 씻어 물에 담가 불린다.

4 솥에 현미와 차조, 기장조, 수수를 섞어 안치고 물을 넉넉하게 부어 진밥을 짓는다.

5 밥물이 끓어오르면 불을 약하게 줄여 차지게 밥이 지어지도록 뜸을 8분 정도 들인다.

6 진밥이 완성되면 위아래를 뒤섞어 한김 식혀 밥을 푼다.

현미잡곡강낭콩진밥

재료 | 현미5큰술, 차조1작은술, 기장1작은술, 수수1작은술, 강낭콩3알, 물1컵

만드는 법

1 현미는 깨끗이 씻어 5시간 이상 물에 담가 불린다.

2 차조와 기장조는 깨끗이 씻어 1시간 이상 물에 불린다.

3 수수는 빨간 물이 나오지 않을 때까지 씻어 물에 담가 불린다.

4 강낭콩은 물에 충분하게 불려 잘게 썬다.

5 솥에 현미와 차조, 기장조, 수수, 강낭콩을 섞어 안치고 물을 넉넉하게 부어 진밥을 짓는다.

6 밥물이 끓어오르면 불을 약하게 줄여 차지게 밥이 지어지도록 뜸을 8분 정도 들인다.

7 강낭콩을 넣은 진밥이 완성되면 위아래를 뒤섞어 한김 식혀 밥을 푼다.

현미잡곡진밥

현미잡곡강낭콩진밥

현미잡곡밤진밥

재료 현미5큰술, 차조1작은술, 기장1작은술, 밤 2알, 물1컵

만드는법

현미는 깨끗이 씻어 5시간 이상 물에 담가 불린다.

차조와 기장조는 깨끗이 씻어 1시간 이상 물에 불린다.

수수는 빨간 물이 나오지 않을 때까지 씻어 물에 담가 불린다.

밤은 속껍질까지 벗겨 곱게 채 썬다

솥에 현미와 차조, 기장조, 수수를 섞어 안치고 물을 넉넉하게 부어 진밥을 만든다.

밥물이 끓어오르면 불을 약하게 줄여 차지게 밥이 지어지도록 뜸을 8분 정도 들인다. 뜸을 들일 때 밤채를 넣어 함께 익힌다.

진밥이 완성되면 밤채가 위아래 섞이도록 한 다음 한김 식혀 밥을 푼다.

현미잡곡참깨콩진밥

재료 | 현미5큰술, 차조1작은술, 기장1작은술, 수수1작은술, 물1컵, 참깨1/2작은술, 검은콩3알

만드는 법

1 현미는 깨끗이 씻어 5시간 이상 물에 담가 불린다.

2 차조와 기장조는 깨끗이 씻어 1시간 이상 물에 불린다.

3 수수는 빨간 물이 나오지 않을 때까지 씻어 물에 불린다.

4 검은콩은 물에 충분하게 불려 끓는 물에 삶아 굵게 썰고 참깨는 곱게 갈아 체에 쳐 가루를 받는다.

5 솥에 현미와 차조, 기장조, 수수, 검은콩을 섞어 안치고 물을 넉넉하게 부어 진밥을 짓는다.

6 밥물이 끓어오르면 불을 약하게 줄여 차지게 밥이 지어지도록 뜸을 8분 정도 들인다.

7 검은콩을 넣은 진밥이 완성되면 참깨가루를 뿌려 위아래를 섞어 한김 식혀 밥을 푼다.

감자맑은국

재료 | 감자1/2개, 멸치국물 2컵, 들기름1/4작은술, 국간장1/4
작은술, 쪽파1/4대

만드는 법

1 감자는 껍질을 벗기고 얄팍하게 슬라이스 해서 1cm 길이로 채
썬다. 찬물에 담가 녹말기를 없애고 건진다.

2 냄비에 들기름과 국간장을 두르고 1의 감자를 넣어 볶는다.

3 2에 멸치국물을 붓고 쪽파를 다져 넣어 한소끔 끓여 맑은 감자
국을 완성한다.

맑은순두부국

재료 | 순두부3큰술, 새우가루1/4작은술, 다시마 우린 국물1과
1/2컵, 양파1쪽, 참기름1/4작은술

만드는 법

1 마른 새우1마리를 분마기에 곱게 갈아 가루를 낸다.

2 양파는 아주 곱게 다지고 순두부는 작은 숟가락으로 떠 체에 올
려 물기를 뺀다.

3 냄비에 참기름을 두르고 2의 양파를 갈색이 나도록 볶다가 순
두부와 1의 새우가루를 넣고 다시마 우린 국물을 부어 끓인다.

무채소탕국

재료 | 무30g, 들기름1/4작은술, 국간장1/4작은술
(채소탕)다시마 우린 국물 3컵, 양배추, 배추, 당근, 양파 조금씩

만드는 법

1 냄비에 양배추, 배추, 당근, 양파 등 채소를 잘게 썰어 담고 다시
마 우린 국물을 붓고 끓인다.

2 1의 국물이 2컵 분량이 되면 면보에 거른 다음 맑은 채소탕만
담는다.

3 무는 씻어 사방 1cm 크기로 납작하게 썬다.

4 냄비에 들기름과 국간장을 두르고 3의 무를 넣어 볶다가 2의
채소 국물을 붓고 끓인다.

미역의 비린 맛이 없도록 바락바락 주물러 여러 번 물에 헹궈야 부드럽고 잘 퍼져요

미역국

재료 | 마른 미역 10g, 멸치국물 2컵, 들기름1/4 작은술, 다진 마늘1/4작은술, 국간장1/2작은술

만드는 법

1 마른 미역은 물에 불려 바락바락 주물러 씻은 후에 먹기 좋은 크기로 썬다.
2 냄비에 들기름을 두르고 다진 마늘과 국간장을 넣은 후 1의 불린 미역을 넣고 볶는다.
3 미역을 볶은 다음 멸치국물을 붓고 한소끔 끓인다.

미역국

아기들이 먹는 된장국은 된장을 체에 한번 걸러 메주, 콩 등이 목에 걸리지 않게해야해요

된장배추국

된장배추국

재료 | 배추2잎, 된장1/2작은술, 쌀뜨물1컵, 멸치국물1컵

만드는 법

1 배추는 칼로 잘게 채 썬다.
2 1의 배추에 된장으로 버무려 맛을 낸다.
3 냄비에 쌀뜨물과 멸치국물을 붓고 끓이다 2의 배추 무친 것을 넣어 한소끔 끓인다.

백김치

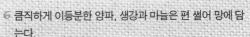

재료 | 배추1/2포기(작은것), 무50g, 밤3톨, 잣1작은술, 대추3톨, 찹쌀가루1큰술, 다시마 우린 물3컵, 양파1/4개, 쪽파2대, 생강1/2톨, 마늘3톨, 까나리액젓1작은술, 천일염 약간

만드는법

1 배추는 반 포기를 준비해서 작은 폭으로 4등분한다.

2 1의 배추를 소금물에 헹궈 건진 후 굵은 천일염을 뿌려 2시간 정도 절인다.

3 숨이 죽은 배추는 물에 헹군 다음 체에 올려 물기를 뺀다.

4 무는 2cm 길이로 곱게 채 썰고 밤도 속껍질까지 벗겨 곱게 채 썬다. 잣은 고깔을 떼고 대추는 돌려 깎아 채 썬다.

5 냄비에 찹쌀가루와 다시마 우린 물을 붓고 약한 불에서 잘 섞어 풀죽을 쑤어 차게 식힌다.

6 큼직하게 이등분한 양파, 생강과 마늘은 편 썰어 망에 담는다.

7 쪽파는 1cm 길이로 썬다.

8 안이 깊은 그릇에 4의 무채와 밤, 대추, 7의 쪽파를 넣고 섞은 후 까나리액젓과 천일염으로 간을 해서 버무린다.

9 3의 배추 한 잎 한 잎 사이에 8의 무 양념을 조금씩 넣고 4의 잣을 끼운다. 속의 양념이 빠지지 않도록 긴 잎으로 감싸 모양을 만든다.

10 밀폐용기에 6의 망에 담은 향신채를 깔고 9의 배추를 차곡차곡 담고 차게 식힌 풀죽에 소금간을 하면서 적당히 물을 붓는다. 2일 정도 시원하고 통풍이 잘 되는 그늘에서 살짝 익혀 냉장고에 넣어두고 먹는다.

배를 갈아넣은 나박김치는 국물이 시원해아기들이 잘 먹어요. 배를 갈아 그대로 넣지 말고 고운 면보에 즙만 짜넣어야 국물이 탁하지 않고 맑아요

나박김치

동치미

나박김치

재료 | 배추속대10잎, 무30g, 사과1/2개, 배1개, 실파 2대, 양파1/4개, 다진 마늘1작은술, 다진 생강 약간, 천 일염 약간, 물2컵

만드는 법

1 배추속대를 준비해서 1cm 폭으로 썬다.

2 무는 배추속대 크기로 납작하게 썰어 배추속대와 함 께 천일염을 조금 뿌려 절인다.

3 사과와 배 1/2개는 껍질을 벗기고 무의 크기로 썰어 색이 변하지 않도록 물에 담가 놓는다.

4 나머지 배는 강판에 곱게 갈아 다진 마늘과 다진 생강 을 한데 넣고 즙을 짠다.

5 양파는 큼직하게 2등분하고 실파는 1cm 길이로 썰어 둔다.

6 안이 깊은 그릇에 2의 절인 배추와 무, 3의 사과와 배, 5의 실파와 양파를 넣어 4의 즙으로 버무린다. 그 위 에 천일염을 탄 물을 부어 간을 맞춘 뒤, 그릇에 담아 1~2일 정도 살짝 익혀 먹는다.

동치미

재료 | 동치미, 무3개(작은 알타리로 담아도 된다), 배1 개, 쪽파3대, 양파1/4개, 생강1/2톨, 마늘5톨, 천일염 약간, 물4컵

만드는 법

1 동치미 무는 무청을 떼지 말고 그대로 손질해서 다듬 은 뒤, 천일염을 뿌려 잠시 절인다.

2 배는 껍질째 씻어 큼직하게 4등분한다. 양파도 큼직 하게 2등분하고 생강, 마늘은 편 썬다. 망에 배와 양 파, 생강, 마늘을 담아 입구를 동여맨다.

3 쪽파는 다듬어 씻어 2cm 길이로 썬다.

4 밀폐용기에 배와 2의 향신채를 담은 망을 깔고 그 위 에 절인 동치미, 무와 쪽파를 넣는다. 이때 무는 무청 으로 돌돌 말아 감싼다.

5 물에 천일염을 풀어 간을 삼삼하게 맞춰 동치미에 붓 고 5일 정도 그늘지고 통풍이 잘 되는 곳에 놓고 익혀 먹는다.

고구마두부찜

재료 | 고구마1개, 두부1/4모, 간장1작은술, 들기름1작은술, 다진 마늘1/4작은술, 다진 파1작은술, 다시마 우린 물1컵, 천일염 약간

만드는 법

1 고구마는 껍질을 벗기고 0.5cm 크기로 도톰하게 썰어 찬물에 담가 놓는다.

2 두부는 고구마 두께로 큼직하게 썰어 들기름을 두른 팬에서 노릇하게 천일염을 뿌려 부친다.

3 냄비에 고구마와 두부를 켜켜이 담고 간장과 마늘, 파, 다시마 우린 물을 섞어 붓고 약한 불에 올려 찐다.

4 고구마가 부드럽게 익으면 불에서 내려 한김 식혀 먹는다.

고구마는 썰어서 그대로 실온에 두면 고구마의 녹말기 때문에 갈변현상이 생겨 검게 변해요. 고구마는 썰어 찬물에 담근 후에 조리하는 것이 좋아요

다진시금치참깨가루무침

재료 | 시금치80g, 참깨가루1큰술, 참기름1작은술, 다진 파1작은술, 다진 마늘1/4작은술, 천일염 약간

만드는 법

1 시금치는 다듬어 씻어 천일염을 약간 넣은 끓는 물에 데친 후 찬물에 헹궈 물기를 자근자근 눌러 빼고 1cm 길이로 송송 썬다.

2 안이 깊은 그릇에 시금치를 담고 참기름과 다진 파, 다진 마늘을 넣어 조물조물 무쳐 천일염으로 간을 한다.

3 2에 참깨를 곱게 빻은 후 체로 쳐서 시금치에 넣어 버무린다.

흰살생선간장깨조림

재료 | 흰살생선(동태, 대구)100g, 들기름1작은술, 간장1큰술, 다시마 우린 물5큰술, 들깨가루2큰술, 다진 마늘1/2작은술, 다진 파1작은술

만드는 법

1 흰살생선은 종이타월에 올려 물기를 뺀다.

2 팬에 들기름을 두르고 지글지글 끓어오르면 흰살생선을 넣어 앞뒤로 노릇하게 부친다.

3 간장에 다시마 우린 물을 붓고 들깨가루와 다진 마늘, 다진 파를 넣어 잘 섞어 양념을 만든다.

4 2의 흰살생선에 3의 양념을 부은 다음 잘박하게 조린다.

시금치를 다듬을 때는 시금치의 분홍색 뿌리 부분을 많이 잘라내지 말고 다듬어야 영양성분이 살아있어요

쑥갓두부무침

재료 | 쑥갓50g, 두부1/8모, 들기름1작은술, 들깨가루1큰술, 간장1/4작은술, 다진 파1작은술, 다진 마늘1/4작은술, 천일염 약간

만드는 법

1 쑥갓은 짧게 끊어 천일염을 넣은 끓는 물에 데쳐 찬물에 헹군 다음 물기를 꼭 짠다. 1cm 길이로 썬다.
2 두부는 끓는 물에 데친 후에 식혀 칼날로 으깬 후 물기를 자근자근 눌러 뺀다.
3 안이 깊은 그릇에 1의 쑥갓과 2의 두부를 담고 들기름과 들깨가루, 간장, 다진 파, 다진 마늘을 넣고 천일염으로 적당히 간을 한 다음 조물조물 무친다.

연두부참깨무침

재료 | 연두부1/2모, 우거지30g, 참기름1작은술, 다진 파1작은술, 다진 마늘1/4작은술, 참깨가루1큰술, 천일염 약간

만드는 법

1 연두부는 체에 올려 물기를 뺀다.
2 우거지는 부드럽게 삶아 찬물에 헹궈 1cm 길이로 송송 썬다.
3 안이 깊은 그릇에 1의 연두부를 한 숟가락씩 담고 2의 우거지를 넣는다. 다진 파, 다진 마늘, 참기름, 참깨가루를 넣어 젓가락으로 버무린 다음 천일염으로 간을 한다.

두부당근소스찜

양송이버섯멸치국물조림

두부당근소스찜

재료 | 두부1/4모, 양파1/4개, 당근10g, 들기름1작은술
(당근소스)당근즙1큰술, 간장1작은술, 쌀뜨물1/2컵, 다진 파1
작은술, 다진 마늘1/4작은술, 들깨가루1작은술

만드는 법

1 두부는 사방 1cm 크기로 썬다.
2 양파와 당근은 사방 1cm 크기로 썰어 납작하게 슬라이스한다.
3 팬에 들기름을 두르고 두부를 노릇하게 부친다.
4 안이 깊은 그릇에 당근즙을 담고 간장과 다진 파, 다진 마늘, 들
  깨가루를 넣어 잘 섞는다.
5 냄비에 2의 양파와 당근, 3의 두부를 담고 4의 당근소스를 넣
  은 다음 쌀뜨물을 부어 약한 불에서 찜한다.

양송이버섯멸치국물조림

재료 | 양송이버섯3개, 양파1/4개, 멸치국물1/2컵, 간장1작은
술, 참기름1/4작은술, 다진 파1작은술, 다진 마늘1/4작은술

만드는 법

1 양송이버섯은 갓부분의 껍질을 벗기고 기둥을 자른 후에 4등분
  한다.
2 양파는 사방 1cm 폭으로 썬다.
3 냄비에 멸치국물과 간장, 다진 파, 다진 마늘을 넣어 끓이다 2
  의 양파와 1의 양송이버섯을 넣고 조린다.
4 국물이 거의 졸면 참기름을 넣어 버무려 그릇에 담아낸다.

한눈에 보는 내 아기의 이유기 라이프

시기	4개월 (적응기)	5~6개월 (미음기)	7~8개월 (묽은 진죽기)	9~10개월 (진죽기)	11~12개월 (된죽기)	12~24개월 (진밥기)
농도	즙 (물이나 모유농도)	물같이 주르륵 흐르는 상태 (묽게)	걸쭉한 미음같은 죽 (좀더 걸쭉하게)	밥알이 보이는 상태의 물기 많은 죽 (약간 덩어리가 있게)	밥알이 제대로 살아 있는 물기 적은 죽 (씹어서 먹을 수 있게)	질축하게 지은 밥 (어른의 밥보다 질게)
발달 상태	숟가락에 적응하는 시기	잇몸으로 오물거리며 넘기는 시기	혀와 잇몸으로 건더기를 으깨는 시기	앞니로 갈아 먹는 시기	이와 혀로 오물오물 먹는 시기	본격적으로 밥을 먹는 시기
모유와 이유식의 비중	모유, 분유가 중심	모유, 분유가 중심	이유식이 중심	본격적 이유기	수유 완료기 이유기 완료기	3~4번의 식사와 충분한 물을 마시는 시기
재료와 물의 비율	1:25	1:15	1:12	1:10	1:8	1:5
이유식 양	어른 숟가락으로 한두 숟가락	아기 공기 1/3공기	아기 공기 반공기	아기 공기 2/3공기	아기 공기 한공기	아기 공기 한공기
횟수	하루 1번	오전 1번 (10시)	오전, 오후 2번 (10시, 17시)	하루 3번 (9시, 13시, 17시)	하루 3번 (9시, 13시, 17시)	하루 3~4번 (9시, 13시, 17시) (8시, 12시, 16시, 19시)

이유식 메뉴	현미미음	현미미음 현미차조미음 현미기장미음 현미감자미음 현미호박미음 현미당근미음 현미밤미음 현미잡곡 채소미음	현미잡곡 묽은진죽 현미잡곡 채소묽은진죽	현미잡곡 채소진죽	현미잡곡 채소된죽	현미잡곡 진밥 + 국 + 반찬 + 아기 김치
과일 먹이기	과즙 한찻 술에서 한두 숟가락	과일을 강판에 거칠게 간 것	손에 쥘 수 있을 정도로 자른 것	작게 잘라 손으로 집어서 먹을 수 있는 것	길쭉 네모나게 잘라 손으로 집어서 깨물어 먹을 수 있는 것	과일을 길쭉하고 납작하게 썰어 집어 먹을 수 있는 것
조리 포인트	끓여서 면보에 거르는 방법을 사용한다	손절구에 빻거나 강판, 믹서에 곱게 갈아서 체에 내린다	강판이나 믹서에 조금 거칠게 갈아준다	나무 주걱이나 큰 숟가락, 칼을 사용해 으깨거나 잘게 다져준다	완전히 으깨지지 않을 정도로 좀더 굵게 다진 다. 손가락이나 숟가락으로 가볍게 으깨지는 정도	덩어리진 음식을 먹어야 하기 때문에 다지고 작게 써는 방법을 사용한다

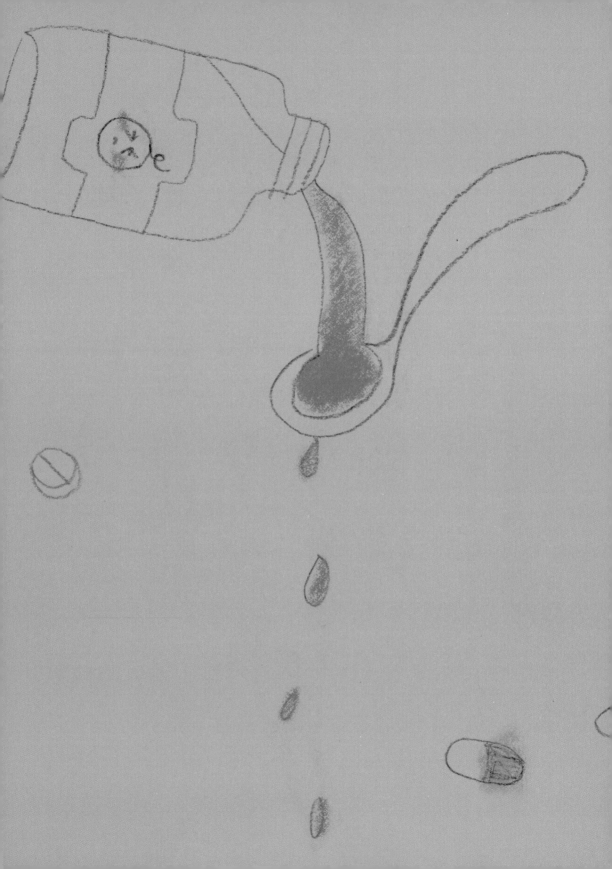

PART 5

약보다 더 좋은 것은
아기의 자연 치유력

질병에 걸렸을 때 혹은 몸 상태가 좋지 않을 때 아기가 평소와 다르게 반응하면 많은 엄마들이 당황하고 어떻게 해야 할지 안절부절못한다. 하지만 많은 경우 아기의 반응은 지극히 정상이고, 이 과정에서 보여주는 행동은 아기가 스스로 면역력을 키워나가는 과정이다. 아기가 이런 증상을 보일 때는 엄마가 아기의 표정과 행동을 정확히 읽고 올바로 대처하는 것이 중요하다.

콧물과 기침이 날 때

콧물, 기침은 바이러스를 제거하는 치유 과정이다

● 　아기의 감기는 대체로 코감기부터 시작한다. 호흡기의 시작은 코다. 코로 들어온 바이러스와 이물질은 처음에는 코털의 섬모운동으로 제거된다. 하지만 이 때 제거하지 못한 바이러스와 이물질은 코 점막에서 점액을 분비해서 씻으려고 한다.

　콧물은 몸을 보호하기 위해서 바이러스와 이물질을 제거하려는 능동적인 자연 치유 과정이다. 바이러스를 치료하는 약은 없다. 더 심하게 고생을 해도 일단 앓아야 낫는 법이다. 누런 코가 나온다고 해도 상황이 아주 나빠질 리는 없다. 만약 코감기가 폐와 기관지의 염증이나 중이염으로 확산된다면 이때는 아기의 면역 상태에 심각한 문제가 있음을 뜻한다.

　코 점막에서 거르지 않은 바이러스와 이물질은 호흡기의 아래쪽으로 옮겨

약보다 더 좋은 것은 아기의 자연 치유력

간다. 기관지까지 바이러스와 이물질들이 흘러들어가면 처음에는 재채기를 통해 제거하려 하고 이 정도로 해결할 수 없을 때는 기관지 점막도 점액을 분비해서 씻어내려고 한다. 이 분비물이 가래다. 이 가래를 뱉기 위해 기침을 하는 것이다.

뱉어내지 못한 가래는 세균이 번식할 수 있는 좋은 장소이다. 가래의 색깔이 진해지고 냄새가 나거나 잘 떨어지지 않는 이유도 뱉어내지 못한 가래의 수분이 제거되어 찐득해지거나 세균의 증식이 시작되었기 때문이다.

가래를 쉽게 뱉지 못하고 기침을 심하게 해도 배출이 안 되는 아기들은 바이러스 감염으로 시작된 점막의 손상이 분비물을 더 많이 만들어내고 세균 감염으로 악화되기도 한다.

감기에는 충분한 수분 보충이 중요하다

● 　처음부터 콧물을 멈추게 하는 항히스타민제 계열의 약을 먹으면 오히려 바이러스가 잠복하거나 더 깊게 침입한다. 콧물이 날 때는 몸을 따뜻하게 보호해야 한다. 바이러스는 체온이 떨어질 때 기승을 부리기 때문이다. 따뜻한 음료를 마시고 몸을 보온하면서 체온을 올릴 수 있는 자연 요법들을 해주면 콧물이 맑은 상태일 때 멈추게 할 수 있다. 하지만 맑은 콧물이 지속되면 분비물이 농축되거나 세균의 번식이 일어나서 누런 콧물, 냄새나는 콧물이 날 수도 있다. 누런 콧물은 상황이 많이 악화되었다는 이야기다.

아기들이 가래 끓는 소리가 날 때는 따뜻한 물을 많이 마시게 해서 점액의 점도가 높아지는 것을 막아야 한다. 등을 두드려주는 이유도 아기가 스스로 가래를 뱉을 수 없기 때문이다. 등을 두드려주면 기침을 통해 가래를 뱉어내기가 좀더 수월해진다.

이 과정에서 아기들은 쉽게 토해버린다. 아기가 토하면 엄마는 토물을 치워야 하고 지저분해진 옷을 빨아야 하는 번거로움이 있겠지만 아기들은 폐렴이나 모세 기관지염으로 증상이 악화되는 건 막을 수 있다.

감기에는 물을 충분히 먹이는 것보다 더 좋은 약이 없다. 어린 유아들이 감기에 걸리거나 폐렴이나 모세 기관지염을 앓게 되었을 때도 가장 중요한 것은 수분을 충분히 보충하는 일이다. 의학적 치료는 최후 상황에서 선택해야 한다. 증상의 경중에 따라 가래를 삭혀주는 약이나 배출을 돕는 약, 민간요법, 자연요법 등은 필요할 수도 있지만 기침을 억제시키는 약은 절대 먹이면 안 된다.

근본적으로 아기들의 영양 상태, 심리 상태 등을 최상의 상태로 회복하고 즐겁게 뛰어놀며 성장할 수 있다면 아기들이 감기에 걸릴 확률도 줄어들 것이다.

열이 날 때

열은 아기가 바이러스와 열심히 싸우고 있다는 증거

● 　몸은 36.5도의 체온을 유지한다. 체온은 너무 올라가도 안 되고 너무 내려가서도 안 된다. 몸 안에는 일정한 생체 조건을 유지하기 위한 '생체 항상성 기능'이라는 것이 있다. 따라서 외부 환경의 변화가 있을 때도 자율신경과 호르몬 조절을 통해 몸을 일정하게 유지하려고 한다.

　하지만 자율 신경계와 내분비계의 균형이 깨지면 체온 조절을 쉽게 할 수 없게 된다. 자율 신경은 신체 내부 장기의 기능을 유지하는 신경이다. 내분비라는 것은 뇌와 신체 장기에서 호르몬을 만들어 신체 전체를 조절하는 체계를 말한다.

　신경을 많이 써서 소화가 안 된다는 것은 자율 신경의 균형이 깨졌다는 것을 의미한다. 아기도 스트레스를 받으면 자율 신경의 기능이 떨어진다. 뿐만 아니라 내분비계를 조절하고 있는 호르몬의 균형도 깨지기 쉽다. 물질을 합성하는 호르몬과 물질을 분해하는 호르몬 사이의 균형이 깨지면 에너지를 제대로 만들지 못한다. 이렇게 몸에서 열이 나고 체온이 유지되지 않으면 면역세포가 제대로 일을 하지 못해 바이러스 침투가 쉬워진다.

감기는 체온이 떨어지면 걸린다. 으슬으슬 떨고 나면 감기에 걸리는 이유가 이 때문이다. 감기에 걸리면 열이 나는 이유는 코와 기관지에서 제거되지 못한 바이러스들 때문이다. 이제는 혈관을 확장해서 면역세포들을 최전선에 배치해야 되고 인터페론과 같은 면역물질도 부지런히 만들어야 한다. 바로 이 면역물질을 만드는 과정에서 열이 발생한다. 열을 내면서 몸이 바이러스에 대항하고 있는 것이다. 따라서 아기들이 열을 잘 낼 수 있도록 도와야 한다. 섣불리 해열제를 먹이면 아기들의 발열 시스템은 고장나버린다. 오히려 감기를 더 오랫동안 앓게 된다. 그래서 감기가 낫는 데는 약을 먹으면 일주일, 안 먹으면 칠일이 걸린다는 말도 있는 법이다. 먹으나 안 먹으나 앓는 시간은 마찬가지란 말이다.

한번 고열로 고생한 사람은 3년간 잔병이 없다는 말도 있다. 몸에서 열이 나면 바이러스들이 불활성화된다. 아기를 키우는 엄마들은 아기가 열이 조금만 나도 뇌세포가 파괴될까봐 무서워하지만 뇌세포가 손상을 받는 가장 큰 이유는 영양 대사에 문제가 생겼을 때다. 39도의 열에는 바이러스들도 꼼짝 못한다. 41도가 되면 매독균도 죽고 43도가 되면 암세포도 죽는다. 하지만 이렇게 체온을 높여 나쁜 세균을 죽인다면 정상적인 세포도 모두 죽어버릴 것이다.

고열은 몸 안에서 불필요한 바이러스와 세균들을 대청소하는 작업이다. 열을 너무 두려워할 필요가 없다. 한밤중에 고열로 고생했던 아기가 거뜬히 회복되는 것도 이런 이치다. 앓고난 만큼 그 이후에 아기가 잘 크는 것도 쓸데없는 세균,

바이러스와 싸우느라 에너지를 낭비하지 않기 때문이다. 감기에 걸리지 않도록 하기 위해서는 아기들의 몸을 보온하고 열을 잘 만들어낼 수 있도록 따뜻한 음식, 자연적인 음식, 미량 영양소들이 풍부한 음식들을 먹여야 한다.

아기가 감기에 걸려 열이 나면 몸을 정화하고 있다는 뜻이다. 질병 또한 긍정적으로 이해할 필요가 있다.

섣불리 해열제를 먹이면 안 된다

● 아기들은 돌 전후로 이유 없이 몸 전체에 열꽃을 피우는 돌 발진을 겪는다. 아기들은 이미 자신의 면역 체계를 다시 한 번 점검하고 있는 중이다. 아기들은 태어나서 모유 수유를 하고 6개월 정도가 지나면 면역기능과 관련 있는 아연 수치가 가장 낮게 떨어진다. 이제 엄마한테 받았던 면역기능은 다 소진되고 아기 스스로 자신의 몸을 지켜가야 할 때가 된 것이다.

아기의 열이 39도 이하일 때 함부로 손쉽게 해열제를 먹이는 일은 없어야 한다. 엄마들은 여유를 갖고 지켜봐야 한다. 아기들은 잘 이겨내고 있는데 부모가 이 과정을 돕지 못하고 불안해하고 약에 의존한다면, 아기들은 스스로 면역력을 키울 수 없게 된다.

초보 엄마들의 실수 중 하나가 아기들이 열이 날 때 해열제를 먹이면 보채지 않고 잘 놀기 때문에 다 나은 것처럼 착각한다는 것이다. 어른들도 감기에 걸리면 쉬어야 한다. 감기에 걸린 아기가 약 기운에 아픈 것도 모르고 놀게 하는 일은 없어야 한다.

아기가 열이 나서 시름시름 앓고 눕고 싶어 하거나 업어 달라 안아 달라 보채는 시간 동안 아기들은 큰일을 하고 있다는 사실을 잊지 말자. 이때 부모가 이 시간을 함께 곁에서 지켜주는 것이 중요하다.

아기가 열이 난다고 완전히 옷을 벗겨 오히려 더 한기가 들게 하는 일은 없어야 한다. 열이 난다고 해서 옷을 벗기고 알코올로 씻어주거나 얼음물로 전신을 식혀주는 일도 없어야 한다. 얼음찜질이 필요하다면 머리 부위에만 해주면 된다.

아기들이 알코올이나 얼음으로 한기가 들면 위장기능까지 나빠져서 감기에 토하는 증상, 울렁거리고 머리 아픈 증상, 복통, 설사 등의 증상을 동반할 수 있다. 증상이 심할 경우 아기들은 밥을 먹지 않게 되는데 설상가상으로 설사까지 하면 엄마들의 걱정은 커진다. 하지만 아기가 앓고 있을 때 가장 중요한 것은 충분한 수분 보충이고 그 다음이 미음이나 죽 정도다. 체력이 떨어졌다고 고기나 우유 같은 것을 먹이려 한다면 아기는 더 지치게 된다.

약보다 더 좋은 것은 아기의 자연 치유력

배가 아플때

체력, 소화기능이 떨어졌다는 신호

● 아기들이 배가 아픈 경우는 많이 먹었을 때, 잘못 먹었을 때, 오래된 감기 기운이 있을 때이다. 아기의 소화 능력보다 많이 먹게 되면 배가 아픈 것은 당연하다. 음식을 잘못 먹었을 때 부패물로 인해 복통이 생길 수도 있지만 더 이상 음식을 먹을 수 없을 때 더 먹는 것을 막기 위해 배가 아프기도 한다.

설탕과 기름이 많이 들어간 음식은 위기능을 떨어뜨린다. 화학 첨가물들이 많이 들어간 가공식품이나 밀가루 음식, 육류와 같이 단백질이 많은 음식은 소화 기능이 떨어질 뿐만 아니라 위가 뭉쳐서 움직이지 않고 경련을 일으킬 정도로 아플 수도 있다.

복통이 지속된다면 '오랫동안 떨어지지 않는 감기'가 원인인 경우가 많다. 오랫동안 앓은 감기로 체력이 극도로 소진돼 초기에 한기가 발산되지 않고 내장기능까지 떨어지면 위기능이 저하되어 배가 아프기 때문이다. 뿐만 아니라 위기능이 떨어져 음식물들이 십이지장으로 배출되지 않고 머물러 있으면 심한 울렁거림을 느낀다.

위를 따뜻하게 해주는 것이 좋다

● 이런 경우 위를 따뜻하게 해 위장의 기능을 도와야 한다. 옛날 어른들이 '엄마 손은 약손' 하면서 배를 문질러주면 아프던 배가 감쪽같이 나았던 것도 이런 이치다. 또 위를 따뜻하게 해주는 차를 마셔도 되고 위에 핫팩을 해줘도 좋다.

일시적으로 단지 배만 아파한다면 그것은 별로 문제가 되질 않는다. 하지만 아기들이 먹는 양을 줄이고 상한 음식을 먹은 것도 아닌데 배가 아픈 상태가 지속된다면 음식을 의심해봐야 한다.

배가 아플 때 설탕이나 기름진 음식을 먹거나 속이 울렁거릴 때 차가운 음료를 먹이면 위는 더욱 자극을 받는다. 평상 시에도 차가운 음료는 주지 말고 배를 따뜻하게 해주는 것이 좋다.

약보다 더 좋은 것은 아기의 자연 치유력

설사를할때

아기의 변 상태는 건강을 말해준다

●　　설사 또한 잘못된 음식을 통해서 섭취한 세균과 효모, 이물질들을 적극적으로 배설하기 위한 과정이다. 수분 배출이 증가하는 과정에서 발생하는 적극적인 면역과 치유 반응으로 볼 수 있다. 나쁜 음식 때문에 설사를 하는 것이라면 빨리 배설하는 것이 좋다. 엄마는 아기의 몸에서 일어나는 모든 반응을 긍정적으로 해석해야 한다. 생명의 치유력을 믿지 못하면 늘 두려움과 불안감으로 살아가야 한다.

나쁜 균의 감염으로 일어나는 잦은 설사는 아기의 엉덩이를 짓무르게 한다. 아기는 설사하는 고통뿐만 아니라 피부가 짓무르는 고통도 감수해야 한다. 하지만 엄마의 젖을 먹을 때 변의 횟수가 많아지는 것은 당연하고 엄마의 젖을 먹어 무른 변을 자주 보는 경우에는 절대 아기의 엉덩이가 짓무르지 않는다. 만약 아기가 엄마의 젖을 먹어 변을 자주 보았는데도 엉덩이가 짓물렀다면 엄마 젖이 아기에게 안 맞는 것이 아니라 아기의 면역기능이 떨어져 있는 것으로 봐야 한다.

변은 아기의 건강 상태를 그대로 반영한다. 아기가 정상적으로 변을 보고 있다면 잘 크고 있다는 증거다. 모유를 먹는 아기들은 하루에도 수차례 묽은 변을 보는 게 정상이다. 어른들은 아기가 분유를 먹었을 때의 변이 어른들의 변과 같기 때문에 하루에 한두 번 되직한 변을 보는 경우가 더 건강한 것이라고 착각한다.

아기의 변이 되직하면 문제가 있다는 뜻이다. 일단 모유와 분유 수유를 통해서 아기의 변 상태가 달라지고 있음을 아는 것이 중요하다. 또 본격적인 이유기에 들어서면 아기의 변 상태가 또 한번 달라지고 있음을 확인할 수 있다. 처음에는 먹은 음식이 소화되지 않고 그대로 나오기도 한다. 현미를 먹이면 현미가 그대로 나오고 당근을 먹이면 변이 붉게 나오는 것처럼 음식의 종류에 따라 변 색깔도 달라진다. 아기들의 장도 지금 성장하고 있다. 어떤 음식과 어떤 자극을 주느냐에 따라 아기들의 장에 좋은 장내 세균들이 정착을 할 수도, 대장균, 웰치균과 같은 나쁜 장내 세균들이 점령을 하게 될 수도 있다.

충분한 수분공급을 통해 탈수를 막아야 한다

● 아기들에게 돌 전에 유산균을 함께 먹여도 되는지에 대한 문제는 아직도 의견이 분분하다. 하지만 아기의 변 상태가 일정한 상태를 유지하고 있지 못하다면, 또 분유를 먹고 있다면 의약품으로 나와 있는 유산균 제품을 타 먹이는 것은

결코 나쁘지 않다. 하지만 요구르트와 같은 가공된 발효유는 먹이지 말아야 한다. 아기들은 우유의 영양을 감당하기 힘들 뿐만 아니라 가공된 발효유에는 설탕과 각종 첨가물들이 많이 함유되어 있기 때문이다.

아기가 설사를 한다는 것은 세균과 바이러스를 배출하기 위한 자연 치유 과정에 있다는 뜻이다. 하지만 수분 부족으로 탈진할 수 있기 때문에 물을 충분히 먹이고 미음이나 죽 정도를 먹여야 한다. 탈수만 막을 수 있다면 아기들은 스스로 자신을 지키기 위해 적극적인 방어 활동과 치유 과정을 밟아나간다. 하지만 설사가 단순히 장의 문제가 아니라 다른 질병에 의해서 유발된 것일 수도 있기 때문에 변의 냄새와 색깔, 묽은 정도와 횟수, 배설물의 내용 등을 자세히 살펴 예전과 다르다고 판단되면 전문가를 찾아야 한다.

변비가 있을 때

음식 종류에 따라 변 상태가 달라진다

● 　분유와 우유를 먹는 아기는 모유와 밥을 먹는 아기보다 변비에 걸릴 확률
이 훨씬 높다. 분유와 우유는 위장에 머무르는 시간이 길기 때문에 수분이 모두 재
흡수되어 변이 딱딱해질 가능성이 높아진다. 장 운동이 왕성한 사람은 무엇을 먹
든지 변의 굵기와 배설 속도, 그리고 양이 일정하다. 하지만 장의 기능이 아직 미
숙하거나 떨어져 있는 경우에는 음식의 종류에 따라 변 상태도 달라진다.

　뿐만 아니라 장내 유산균이 증식하면 유산균이 섬유질을 먹어서 유기산을
만들고 장벽에서 에너지원으로 쓰기 때문에 장의 운동이 더욱 원활해진다. 이것
은 음식의 섬유질이 장의 연동을 촉진하는 이점과는 또 다른 것이다.

　장의 연동이 원활해져 배설을 잘 한다는 것은 섬유질이 많은 음식을 얼마
나 많이 먹고 있는지, 충분한 수분을 섭취하고 있는지와 관련이 있다. 뿐만 아니라

우유, 육식, 밀가루 음식과 같이 단백질 함량은 높고 섬유질은 없는 식품을 많이 먹게 되면, 장내 유해균이 증식하면서 장내 생태계의 균형은 깨지고 장의 기능이 나빠지게 된다.

장의 운동을 자극하는 이유식을 먹여라

● 　아기의 변은 이유식을 미음과 진죽, 된죽, 진밥의 순서로 먹이는 과정에서 상당한 변화가 생긴다. 이유식의 양과 종류, 시기에 따라서 달라지는 변을 잘 관찰하는 것은 아기의 건강을 위해 매우 중요하다.

　모유를 먹던 아기가 분유나 우유를 먹게 되면 변은 딱딱해질 수 있다. 이유식을 충분히 먹을 수 없을 때는 오히려 변비가 생길 수가 있다. 장의 운동을 자극할 만큼 건강한 이유식을 충분히 먹게 된다면 아기가 변을 보기 어려운 일은 없을 것이다.

　아기의 변화를 무조건 나쁜 뜻으로 해석해서는 안 된다. 오히려 긍정적인 변화일 수도 있고 성장 과정에서 겪는 자연스러운 일일 수도 있다. 아이가 어제와 다르다고 해서 바로 그게 문제가 되지는 않는다. 엄마는 아기의 신비로운 변화와 성장의 속도를 곁에서 지켜보는 것이 가장 중요하다.

아토피가 있을 때

아기의 알레르기는 단백질 과잉 섭취가 가장 큰 원인이다

● 아토피성 피부염을 앓고 있는 아기들이 급증하고 있다. 많은 엄마들이 울긋불긋 얼굴에 솟았던 태열은 돌이 지나면 없어지고 적어도 혼자 걸을 수 있을 때가 되면 없어지는 것으로 알고 있다. 하지만 요즘에 태어나는 아기들의 태열은 돌이 지나고 유아기를 거쳐 학교에 진학한 뒤에도 쉽게 낫지 않는다.

21세기는 알레르기 홍수의 시대라고 한다. 나이와 환경을 불문하고 많은 사람들이 알레르기 질환으로 고생을 한다. 아토피성 피부염이나 알레르기성 비염, 천식은 모두 현대인이 앓고 있는 알레르기 질환들이다. 대체로 아토피가 있는 아기들은 비염이나 천식을 동반하기도 한다. 또 어느 하나가 괜찮아진 듯하면 다른 하나는 심해지곤 한다. 또한 일반적으로 현대인들이 많이 앓고 있는 소화 불량이

나 설사, 두통 또한 알레르기 증상으로 볼 수 있다.

알레르기란 면역의 과민 반응 상태를 말한다. 사람의 몸 안에는 자기 몸과 자기 몸이 아닌 것을 구분하는 능력이 있는데 제 몸이 아닌 것에 대한 적절한 대응을 면역이라고 한다. 면역기능은 외부에서 침입한 세균이나 바이러스, 기타의 유해물질로부터 신체를 보호하는 기능이다. 현대인에게서 알레르기성 질환이 많이 나타난다는 것은 그만큼 면역 체계에 비상이 걸린 것으로 해석될 수 있다. 외부에서 들어온 화학물질들이 급증함에 따라서 인체의 면역기능에 착오와 혼란이 가중되고 있는 것이다.

알레르기 원인물질로 꽃가루, 집 먼지, 진드기, 실내 환경 호르몬, 방부제, 향료, 색소와 같은 화학물질들을 지목하고 있다. 하지만 모든 사람들이 화학물질에 민감하게 반응하는 것은 아니다. 결국 사람들의 면역기능이 해결할 수 있는 화학물질의 총량을 넘어섰을 때 면역기능에는 과부하가 걸리고 이는 아주 신경질적이며 짜증나는 반응으로 나타난다.

아기들에게 알레르기 질환이 급증하고 있는 것은 아기들이 섭취하는 음식 중에서 알레르기 원인물질이 증가한 것과 면역기능을 유지할 수 있는 영양소들을 모체와 음식으로부터 충분히 공급받지 못했기 때문이다. 뿐만 아니라 아기들의 성장과 관련해서 단백질에 대한 환상이 커지면서 아기들의 미성숙한 위장관의 능력으로 완전히 소화할 수 없는 단백질을 너무 많이 먹고 있기 때문이다.

인스턴트와 가공식품은 먹이지 않는다

●   현대 사회는 많이 먹고 쓰고 버리면서 많은 양의 화학물질들을 생산해 내고 있다. 새로운 화학물질이 들어오면 몸은 낯설어하며 이물질과 세균이 침입했을 때와 같이 면역기능을 발동한다. 사실 우리가 늘 사용하고 있는 조미료, 감미료, 방부제, 향료, 색소, 유화제와 같은 식품 첨가물들은 인간의 생명 활동과는 전혀 관련이 없는 것들이다. 오직 식품의 가공, 보존, 유통을 위해 사용되는 이 화학물질들을 몸은 당연히 이물질의 침입으로 인식한다. 반복적인 자극은 면역기능을 망가뜨려 알레르기 질환을 일으킨다. 알레르기 증상이 있는 아기들이 가공식품들을 일차적으로 삼가야 하는 이유이다.

    특히 알레르기 질환을 다룰 때 조심해야 할 부분은 단백질 섭취와 위장기능의 회복이다. 아기를 출산한 다음에도 산모는 밥과 미역국을 수 차례 먹는 것을 가장 중요하게 여겼다. 산모의 몸이 회복되는 것에도 단백질의 섭취보다는 혈당을 유지하고 갑상선 기능을 회복하는 일이 더 중요했기 때문이었다.

    아기들의 이유식을 시작할 때도 계란노른자는 조금씩 줘도 흰자는 주지 않았다. 아기들의 미성숙한 위장관 능력으로는 거대한 단백질 덩어리를 소화해서 흡수하기 어렵기 때문이다. 단백질은 위에서 분비되는 위산과 단백질 소화 효소에 의해서 펩타이드를 거쳐 아미노산 형태로 분해되어 흡수되어야 한다. 하지만 덜 분해된 단백질이 위장관을 통과해 손상된 장관 점막으로 흡수되면 이물질의 침입으로 판단하기 때문에 면역기능을 발동하게 된다. 특히 우유의 카제인 단백질, 밀가루의 글루텐 단백질, 계란의 알부민 단백질은 거대 단백질들로 알레르기를 유발하는 원인이다.

또한 산모들의 잘못된 식습관으로 인한 영양 불균형은 아기들에게도 그대로 반영되고 있다. 아기들이 면역기능을 유지하기 위해 필요한 미량 영양소와 필수 지방산이 결핍된 상태로 태어나는 것이다. 아토피성 피부염을 앓고 있는 아기들은 대체로 필수 지방산이나 아연과 같은 미네랄이 결핍되어 있고 천식을 앓고 있는 아기들은 마그네슘과 비타민B₆의 결핍을 보인다.

현미와 채식 위주의 식단만이 정답이다

● 　몸은 아미노산과 같이 최종 분해된 산물만 흡수하지만 장 점막의 손상으로 덜 분해된 단백질이 흡수될 수 있다. 점막 세포들은 콜라겐, 콘드로이친과 같은 결합 단백질로 결합되어 있는데 콜라겐이 제대로 형성되지 않으면 점막 세포 전체가 약해진다. 콜라겐은 비타민C에 의해, 콘드로이친은 비타민A에 의해 합성되는데 결국 장 점막은 비타민C 결핍증인 잠재적 괴혈병과 비타민A 결핍증인 잠재적 야맹증을 앓고 있는 것과 같다. 약해진 점막 세포나 손상된 비정상적인 점막 세포들은 평상 시에는 통과시키지 못했던 큰 단백질 분자들도 통과시키기 되는데 이 과정에서 면역기능은 혹사를 당하게 된다. 모체에서 시작된 영양 문제는 단순히 임신 중에 무엇을 먹었느냐 하는 문제하고만 관련되어 있지 않다. 임신 전부터 이어온 식습관과 생활습관, 성격과 가치관에 따라 영양의 흡수와 이용 상태가 다르게 나타난 결과다.

위장관에서 분비되는 강력한 위산은 입을 통해 들어오는 효모나 박테리아 등을 살균 처리하고, 둘째는 단백질 분해 효소를 활성화시켜 단백질 소화에 관여하며 마지막으로 미네랄의 흡수를 결정한다. 결국 위기능이 저하되어 위산 분비가 제대로 되지 않는 사람들은 위장관 내에서 미생물의 이상 발효에 의한 가스, 신물, 트림 등의 증상을 호소한다. 또한 단백질의 소화 장애로 인한 단백질 결핍과 알레르기 질환들, 만성적인 미네랄 결핍증을 앓게 될 가능성이 높아진다. 위산의 분비 능력이 떨어진 상태를 저산증이라고 하는데 저산증의 개선은 알레르기 질환치료에서 매우 중요하다.

아기들은 위장의 기능이 아직 미성숙하기 때문에 단백질과 칼슘을 많이 먹여도 흡수가 안 될 뿐만 아니라 오히려 영양의 불균형과 알레르기 문제를 일으키게 된다. 아기들이 성장하면서 자연스럽게 아토피성 피부염이나 알레르기 증상이 좋아지는 것도 이 때문이다. 아기들의 위가 제대로 기능을 할 때까지 부모는 욕심을 내서는 안 된다. 많이 먹이고 잘 먹인다고 해서 아기들이 잘 크는 것이 아니란 뜻이다.

설탕과 기름진 음식을 많이 먹게 되면 위 운동이 둔화된다. 위에서는 단백질과 지방이 소화되기 시작하므로 섬유질이 풍부한 현미를 먹이면 위의 운동을 자극해서 위의 기능이 좋아진다. 현미의 씨눈에 들어 있는 비타민A와 아연은 위 점막을 잘 복구해준다. 현미와 채식 위주의 식단은 위를 건강하게 해줄 뿐만 아니라 근본적으로 알레르기 질환을 예방한다.

또한 심신의 이완을 통해 위장관에 분포되어 있는 부교감 신경이 적절하게 위장관 운동을 잘 조절하도록 해주어야 한다. 신경을 쓰면 소화가 안 되고 쉽게 체하는 것은 운동이 멈췄다는 것을 뜻하고 이는 곧 위산의 분비 능력이 떨어졌음을 의미한다. 위의 건강을 위해 곡류와 채식 위주의 무리 없는 식사를 하고 마음을 편하게 먹고 즐겁게 생활하는 것은 알레르기 질환의 예방과 치료에도 매우 중요한 일이다.

아픈 아기 이유식 노하우

1 열이 날 때

다소 열이 있더라도 아기의 기분이 나쁘지 않고 식욕도 괜찮으면 이유식을 주도록 한다. 단 소화가 잘 되는 것으로 골라주고 무리해서 먹이지는 않는다. 열이 높고 입맛이 없을 때는 딱딱한 고형식을 피하고 자주 마실 것을 준다. 열이 있는 아기들은 고기, 생선, 채소 종류의 이유식을 꺼리는데 이런 종류의 음식은 소화가 잘 안 되는 것들이다. 열이 높았다가 내리면 2~3일쯤 계속 입맛이 없다. 보통 1주일쯤 후에는 평상 시의 기분과 입맛을 되찾게 된다.

2 토할 때

아기의 위는 서 있는 형태로 토하기 쉬운 구조로 되어 있어 가벼운 감기가 있거나 너무 많이 먹었을 때, 목이 민감한 아기의 경우 자주 토를 할 수 있다. 마실 것을 원하면 물을 한 모금 정도만 준 다음, 별 탈이 없다면 조금 더 많은 양을 준다. 열은 없는데 기침과 함께 토를 한다면 목구멍을 자극하지 않게 부드럽고 미지근한 음식을 준다. 이유식은 가루음식이나 큰 덩어리의 음식을 피하며 목의 점막을 강하게 하는 카로틴(비타민A)이 풍부한 당근, 브로콜리, 시금치 등의 녹황색 채소를 메뉴에 첨가해 주는 것이 좋다.

3 설사할 때

아기가 설사를 하는 이유에는 이유식의 양이 많을 때, 소화하기 어려운 것을 주었을 때, 또는 장염에 걸렸을 때가 있다. 이때 변으로 수분이 많이 빠져나가 탈수를 일으키기 쉬우므로 전해질과 수분을 우선 공급해야 한다. 끓여서 식힌 물이나 채소수프, 과즙 등으로 수분을 보충해주고, 변 상태가 개선되면 죽 등 소화되기 쉬운 전분식품을 중심으로 이유식을 먹인다. 지나치게 기름기가 많은 식품이나 단백질 식품은 되도록 주지 않고 두부, 감자 으깬 것 등 소화되기 쉬운 식품을 위주로 공급하는 것이 좋다.

4 변비일 때

변을 보는 횟수는 개인에 따라 다르며 반드시 하루 한 번 또는 그 이상의 변을 봐야 하는 것은 아니다. 변을 보는 횟수보다 변의 굳은 정도가 변비를 판단하는 기준이 된다. 변비의 원인은 먹는 양이 적거나, 생활이 불규칙할 때, 채소편식, 운동부족과 생활습관의 변화 등이 있다. 이 시기의 이유식은 섬유소가 많은 시금치, 양배추, 고구마, 미역 등을 자주 이용하여 변을 좋게 하고 과즙 등으로 변을 부드럽게 해주는 것이 좋다. 또한 식사시간은 규칙적으로 하는 것이 필요하다.

5 빈혈일 때

태아기때 모체로부터 비축해둔 철분이 고갈되는 시기인 4~6개월경 이유식을 하지 않고 모유나 분유 등 유즙에만 의존한 경우 빈혈이 많다. 예방과 치료를 위해서는 철분이 많이 함유된 녹색채소, 해조류 등을 이유식 식단에 자주 이용하는 것이 좋다. 철분 결핍성 빈혈이 발생한 경우, 우유나 치즈 등의 낙농제품은 장에서의 철분 흡수를 방해하므로 섭취를 줄여야 하며 특히 생우유는 먹이지 않는다.

6 감기에 걸렸을 때

감기에 걸렸을 때 새로운 메뉴의 이유식을 시작하는 것은 금물이다. 곡물과 채소 위주의 이유식과 수분을 충분히 공급한다. 식욕이 없을 때는 소화가 잘 되고 영양가 있는 메뉴로 입에서 잘 넘어가도록 조리 방법을 바꾸는 것도 좋다.

7 구강염이 있을 때

토마토, 키위, 감귤류 등의 과즙류는 입 안과 목의 통증을 자극하므로 주지 않는다. 수분을 많이 넣어 부드럽게 익히고 담백하게 조리하여 삼키기 쉽도록 하는 것이 좋다. 너무 뜨겁거나 맛이 진한 것은 피하며 소량이라도 천천히 먹이는 것이 좋다.

8 알레르기가 있을 때

알레르기를 가장 많이 일으키는 음식은 우유, 계란, 콩의 순서이다. 알레르기를 일으키는 음식으로 확인되면 그 음식은 물론 그 가공식품도 완전히 피해야 하며, 그 외에도 비슷한 성분의 식품은 주의하는 것이 좋다. 식품 알레르기가 있을 때 그 음식을 먹으면 설사를 하게 되므로 아기의 변 상태를 계속 관찰하면서 단백질 식품을 추가해나간다.

9 갈증이 날때

신선한 과일즙을 희석시켜주고 콜라나 청량음료는 금물이다. 진한 주스를 그대로 주면 식사를 못하거나 설사를 하는 경우도 있다. 물을 주는 것이 가장 좋다.

엄마들이 잘못 알고 있는 아기의 변 상태

1 황금색 변을 봐야 건강하다?

아기들의 변은 먹는 음식이나 담즙 분비 상태 등 여러 가지 요인에 의해 다양한 색깔과 형태로 나타난다. 황금색 변이 아기의 건강을 말해주는 것은 사실이다. 하지만 대체로 모유를 먹는 아기들의 변은 수분이 많고 장내 생태계가 산성이기 때문에 담즙 색소가 황금색을 띠게 되고 분유를 먹는 아기들은 장내 생태계가 알칼리성이 되면서 녹색의 굳은 변을 보게 된다. 아기가 잘 놀고 잘 먹고 쑥쑥 잘 크고 있다면 아기의 변 색깔은 먹는 음식에 따라 조금씩 달라지기 때문에 크게 걱정할 필요는 없다.

2 횟수가 많고 변이 묽으면 설사다?

아기 똥이 설사인가 변비인가를 판단하는 기준은 정해진 똥의 생김새나 횟수가 아니다. 아기마다 개인차가 있기 때문에 오늘 배설한 똥이 평소의 똥과 얼마나 다른가가 중요하다. 평소에 보던 변보다 횟수가 늘어나고 물기가 눈에 띄게 많아져야 설사라고 판단할 수 있다. 변비도 일주일 이상 변을 못 보거나 염소똥처럼 몹시 딱딱한 변을 보는 경우를 말한다.

하지만 모유를 먹는 아기들은 변의 횟수가 많고 묽으며 시큼한 냄새가 난다. 분유를 먹는 아기들은 변의 횟수가 적으며 딱딱하고 안 좋은 냄새가 난다. 모유를 먹는 아기들이 묽은 변을 봤다고 설사로 착각하고 분유로 바꿔서는 안 된다.

3 변비에는 분유를 묽게 타준다?

고농도의 액이 장으로 들어오면 장 밖에 있는 수분을 흡수하여 변에 물기가 많아지고, 반대로 농도가 낮은 액을 먹으면 장 밖으로 수분이 빠져나가 변이 단단해진다. 그러므로 아기가 설사를 할 때는 분유를 묽게 타 먹이고 변비일 때는 진하게 탄 분유를 먹인다.

하지만 근본적으로 변비는 섬유질의 섭취가 부족해서 장내 생태계가 건강하지 않기 때문에 생기므로 곡류와 채소를 충분히 이용한 이유식을 주는 것이 좋다.

4 푸른 똥은 아기가 놀라서 그렇다?

분유를 먹는 아기들이 푸른색 변을 보는 것은 당연하다. 물론 장 알레르기나 장염과 같은 질병 때문에 녹변을 보는 경우도 있고, 놀란 경우에도 자율신경의 균형이 깨져 장내 생태계에 영향을 미치게 되어 녹색 변을 볼 수가 있다. 놀란 경우에는 아기가 심리적으로 안정되면 변 색깔도 정상적으로 회복된다. 장염을 앓아 녹변을 보는 경우라면, 아기 똥에는 피나 코 같은 점액질이 섞여 있거나 썩은 냄새가 나며 열이나 구토 등의 증상이 동반된다.

아기의 면역력을 떨어뜨리는 식품

1 설탕

설탕은 면역력을 떨어뜨리는 식품 첨가물이다. 하루에 100~150g의 설탕을 먹는 아이들을 대상으로 조사한 결과 '매크로파지'라고 하는 면역세포가 5시간 동안 꼼짝하지 않고 있음이 확인되었다. 또 설탕은 빨리 흡수되는 단순 당으로 많이 먹으면 혈당이 급격하게 올라갔다가 떨어지게 된다. 혈당이 떨어지면 뇌의 움직임이 불안정해져 산만하고 집중력이 떨어진다.

2 식물성 마가린

포화 지방산이 함유된 동물성 기름이 각종 성인병의 주범으로 여겨지면서 '순식물성 기름'을 내건 각종 인스턴트 음식이 급증하고 있다. 마가린은 원재료만 식물성이지 포화 지방산과 다를 바 없다. 식물의 불포화 지방이 제조 과정에서 수소와 합쳐져 포화 지방으로 바뀌기 때문이다. 또 가공 과정에서 트랜스형 지방이 늘어나기 때문에 면역기능을 방해한다.

3 포테이토칩

감자가 알칼리성 식품으로 몸에 좋으니 포테이토칩도 당연히 몸에 좋을 거라고 생각하지만 사실은 그렇지 않다. 포테이토칩이나 감자튀김은 조리 과정에서 감자가 아닌 전혀 다른 식품이 된다. 감자는 전분질 식품으로 1%의 지방을 함유하고 있다. 하지만 감자튀김은 지방을 20% 함유하고 있고, 포테이토칩은 40% 정도의 지방을 함유한다. 감자에 함유된 비타민도 튀기는 과정에서 완전히 상실된다. 따라서 감자의 영양가를 아이에게 먹이고 싶다면 기름에 튀기는 포테이토칩이나 프렌치 포테이토가 아닌 찌거나 굽는 다른 조리법을 사용하는 것이 좋다.

4 옥수수 가공식품

옥수수를 완전식품으로 착각하고 있는 사람들이 늘고 있다. 식빵을 살 때도, 콘플레이크를 살 때도 일부러 옥수수로 만들어진 것을 산다. 문제는 이를 보조식품으로 하는 것이 아니라 주식으로 하는 데 있다. 주식으로 하기에 옥수수는 필수 아미노산이 부족하다. 쌀의 단백가가 75인데 반해 옥수수의 단백가는 54밖에 되지 않는다. 또 옥수수에는 비타민 B_3를 만드는 트리토판이 함유되어 있지 않아, 주식으로 할 경우 비타민 B_3 결핍증인 만성 설사, 피곤, 어지럼증, 만성 두통, 수족 냉증 등이 나타날 위험이 있다.

Thanks to

촬영 문덕관(studio lamp on the moon)
요리 & 스타일링 이보은(쿡피아)